Wetterinformation für die Öffentlichkeit
– aber wie?

Herausgegeben im Rahmen der
Deutschen Meteorologischen Gesellschaft e.V. (DMG)
von Werner Wehry

mit 121 Farbbildern und 14 Schwarz-Weiß-Abbildungen
sowie 50 farbigen Daumenkino-Bildern

Umschlagbild:
Aufbereitetes METEOSAT-Satellitenbild vom 6. 9. 1998, 06.00 UTC, Vorderseite und 23.30 UTC, Rückseite. Diese Bilder wurden mit der „SAT 3 D"-Software erstellt (s. Beitrag Dümmel), das in einem Projekt mit RTL Television an der FU entwickelt wird.

IMPRESSUM:

Wetterinformation für die Öffentlichkeit – aber wie?

ISBN 3-928903-19-5 (Deutsche Meteorologische Gesellschaft e.V.)

Herausgegeben von
Werner Wehry

Lektorat:
Helga Thiede und Karla Wehry

Gestaltung: Payard/Partner, Berlin
Satz, Repro und Druck: Ruksaldruck, Berlin

Adresse:
Deutsche Meteorologische Gesellschaft e.V. (DMG)
Zweigverein Berlin und Brandenburg
c/o Inst. für Meteorologie, Freie Universität Berlin,
C.-H.-Becker-Weg 6–10, D-12165 Berlin
Fax: +49 30 791 90 02, e-mail: wehry@bibo.met.fu-berlin.de
Internet: http://www.dmg-ev.de
http://wwwsat03.met.fu-berlin.de/~dmg

**Nachdruck, auch auszugsweise,
nur mit schriftlicher Zustimmung der DMG!**

„Wetterinformation für die Öffentlichkeit – aber wie?"

Inhalt

1. Wetterinformation für die Öffentlichkeit – aber wie?   Seite
   Werner Wehry: Vorwort 5
1.1 Karl-Heinz Habig: Grußadresse 7
1.2 Matthias Eckardt: Das „Daumenkino" 9

2. Interdisziplinäre Aspekte 11
   Verbindung zur Kunst
2.1 Franz Ossing: Ein virtueller Museumsbesuch – Wetterinformation für eine bestimmte Öffentlichkeit 13
2.2 Arthur E. Imhof: „Die Vier Jahreszeiten" – eine interdisziplinäre
   Untersuchung mit neuen Medien – CD-ROM/Internet 25

   Verbindung zu Sprache und Literatur
2.3 Hans-J. Wulff: Kommunikative Formatierung am Beispiel von
   Wetterkarten 33
2.4 Dagmar Schmauks: Wetter- und Klimametaphern 43

   Verbindung zu Lehre und Ausbildung
2.5 Werner Wehry: Internationale meteorologische Aktivitäten im
   Bereich öffentlicher Bildung (Schulen, Universitäten, allgemeine
   Öffentlichkeit) 51
2.6 Antje Piel: Studentischer Live-Wetterbericht im UniRadio Berlin 61
2.7 Susanne Danßmann: Studentische Umfrage vor einem
   Einkaufszentrum in Berlin 65

3. Wetterinformation in Wort und Bild 69
   Radio
3.1 Georg Gafron: Verkehr und Wetter – nothing goes better! 71
3.2 Sven Bargel: Die wichtigste Nebensache für den Erfolg eines
   Radioprogramms – das WETTER! 77

   Zeitungen
3.3 Wolfgang Scharfe: Wetter in der Tagespresse 81
3.4 Christoph Stollowsky: Das Wetter als Thema im Lokalteil
   von Tageszeitungen 97

Fernsehen

3.5 Wolfgang Kusch: Wetterinformation und Präsentationssysteme des Deutschen Wetterdienstes für die Öffentlichkeit 101
3.6 Thomas Dümmel: Grafische Systeme für Medien 113
3.7 Inge Niedek: Stellenwert und Entwicklung des Wetterberichts im Fernsehen 123

Weitere Medien

3.8 Raimund Klauser: Immer schönes Wetter – zur Alltagsrelevanz von Wetterinformationen und deren Marginalisierung in modernen Medien 129
3.9 Dennis Schulze: Nutzung des Internet für meteorologische Information 143

4. Private Anbieter und Nutzer 149
4.1 Harry Otten: Von der Arbeit privater Wetterinformations-Anbieter 151
4.2 Detlef Carius: Meteorologie und Ökonomie bei der Deutschen Lufthansa 157

5. Wie sollte optimale Wetterinformation aussehen? 161
5.1 Winfried Göpfert: Wetterinformation – mehr als Übersetzungsarbeit 163
5.2 Helmut Götschmann: Kritische Betrachtungen zur Präsentation von Wetterinformationen in Medien 175
5.3 Manfred Geb: Gedanken zur angemessenen Formulierung von Wettervorhersagen 183

Wettervorhersage

5.4 Konrad Balzer: Was läßt sich wie gut vorhersagen – was (noch) nicht? 187
5.5 Walter Fett: Leser-Befragung zur Wettervorhersage 197

Hinweise

Meteorologischer Kalender 2000 199
Buch „Wolken, Malerei, Klima in Geschichte und Gegenwart" 201
CD-ROM „Wolken-Ge-Bilde" 203
CD-ROM „Die Vier Jahreszeiten" 205

1. Wetterinformation für die Öffentlichkeit – aber wie?

Der Titel dieses Buches ist absichtlich ähnlich dem Titel des Vorgänger-Buches „Wetterinformation für jedermann – aber wie?" gewählt, das 1991, also vor inzwischen sieben Jahren, zusammengestellt werden konnte. Allerdings liegt diesmal der Schwerpunkt etwas abstrakter bei den Informationen für die „breite" Öffentlichkeit; die speziellen Nutzer aus den Bereichen Verkehr, Energie, Industrie usw. sind darin prinzipiell enthalten.

Dieses Buch ist somit nicht nur eine angepaßte Neuauflage, sondern es versucht zumindest einige Veränderungen, die in den vergangenen sieben Jahren erfolgt sind, aufzubereiten. Erfreulich ist, daß acht der 19 Autoren von 1991 wieder mitgewirkt haben (M. Eckardt, G. Gafron, M. Geb, W. Göpfert, H. Götschmann, H. Otten, W. Scharfe und W. Wehry) sowie drei weitere Institutionen mit anderen Autoren verteten sind (Deutscher Wetterdienst: W. Kusch, Zweites Deutsches Fernsehen: I. Niedek und „Der Tagesspiegel", Berlin: Ch. Stollowsky).

Die Palette ist diesmal größer geworden: Von soziologischer (R. Klauser), historischer (A. E. Imhof), sprachlicher (D. Schmauks, J. Wulff), journalistischer (S. Bargel) und meteorologischer (W. Fett, K. Balzer, C. Carius, F. Ossing, T. Dümmel) Seite ist eine größere Interdisziplinarität entstanden, auch Studierende (S. Danßmann) oder gerade Diplomierte (A. Piel, D. Schulze) beteiligten sich aus ihrer Sicht.

Den einleitenden Worten von 1991 ist inzwischen eine ganze Menge hinzuzufügen, wie auf den folgenden Seiten nachzulesen ist. Dennoch sei hier der allgemeine Teil wiederholt:

„Wer interessiert sich für Wetterinformationen? Jeder Mensch!

Dies kann jeder Meteorologe selbst feststellen: Wird auf einer Party oder im Urlaub bekannt, daß man Meteorologe ist, kommt ganz spontan die Frage: ‚Ach, wie wird morgen das Wetter?'

Nahezu jeder Mitmensch kann berichten, und er tut dies gern und anekdotenhaft, daß er eingeregnet sei, obwohl der Wetterbericht ausdrücklich das Wort ‚trocken' enthielt. Diesem einen Ereignis können zehn richtig vorhergesagte Sonnentage nicht ‚das Wasser abgraben', es wird immer wieder erzählt....

Die Folgerung für den Meteorologen muß daraus sein, für besser verständliche Berichte zu sorgen. In diesem Buch werden dazu einige Vorschläge und Möglichkeiten gesammelt."

Zahlreiche Veränderungen seit 1991

An solchen Pauschal-Meinungen hat sich bis heute wenig verändert, jedoch bewegte sich im Bereich der öffentlichen Information – nicht nur mit meteorologischen Themen – sehr viel. 1991 gab es nur in Ausnahmefällen farbige Zeitungsseiten, private Rundfunk- und Fernseh-Sender wurden gegründet oder kamen gerade neu „auf den Markt": Einer der ersten war der 1987 entstandene Berliner Rundfunk-Sender „Hundert,6". Aber auch das „Marketing" hat sich inzwischen wesentlich gewandelt – wie könnte man sonst auf die Idee kommen, daß derjenige, der einem Sender einen Wetterbericht liefert, dafür noch zahlen soll (s. Beitrag von S.Bargel)!

Die sogenannten „Neuen Medien" wie Internet und CD-ROM waren 1991 weitgehend unbekannt, und erst die inzwischen sehr leistungsfähigen PCs (Personal Computer) haben den allgemeinen nahezu verzögerungsfreien Datenzugriff ermöglicht. Vor sieben Jahren hat sich kaum jemand vorstellen können, wie diese neue Technik die Datenübermittlung, damit aber auch die Auswertung und Darstellung der Informationen, revolutionieren würde.

Wie hieß es in der Einleitung des Buches von 1991:
„Sind optimale Wetterinformationen für die Öffentlichkeit überhaupt möglich?
Von den Meteorologen wird der Nutzer meist nur von der fachlich-spezifischen Seite bedient. Recht selten werden – fast immer nur auf besondere Nachfragen – die Bedürfnisse des Nutzers direkt berücksichtigt… Im Studium wird Derartiges nicht vermittelt." (Hier hat sich einiges geändert! Anmerkung 1998.)

Weiter: *„ Und letztlich soll das Buch unterhalten, auch kritisch darstellen, wie die breite Palette der immer bunter werdenden Berichte in den Medien aussieht.*

Schön wäre es, wenn das Buch einige Leserinnen und Leser anregen würde, sich weiter mit dieser Thematik zu beschäftigen. Hier liegt ein großes Betätigungsfeld, nicht nur für Meteorologen."

Im Folgenden wird dies weitergeführt – nicht nur von Meteorologen! Es ist ein typisch interdisziplinäres Unternehmen, das in den vergangenen Jahren eine neue blitzende und faszinierende Facette erhalten hat: Durch das Zusammenwachsen Europas kommen neue Aspekte aus anderen Ländern hinzu. So treffen sich inzwischen alljährlich Fernseh-Meteorologen bei Paris, um die Besten zu küren und mit Preisen zu versehen. Wetter ist ja ohnehin international.

Einen neuen Schub an Information und Zusammenarbeit dürfte der Zusammenschluß von mehr als 25 nationalen meteorologischen wissenschaftlichen Gesellschaften bringen, die im Jahre 1999 einen Dachverband EMS = European Meteorological Society gründen wollen. Federführend sind hierbei die englische, französische und deutsche Gesellschaft. Das vorgesehene Emblem der EMS wird deshalb hier abgebildet.

Berlin, im Oktober 1998, Werner Wehry

Begrüßung zur Veranstaltung am 13./14. 3. 1998
1.1 „Wetterinformation für die Öffentlichkeit"

Sehr verehrte Damen und Herren!
Im Auftrag von Herrn Prof. Czichos, dem Präsidenten der Bundesanstalt für Materialforschung und -prüfung (BAM), möchte ich Sie herzlich zu der Fortbildungsveranstaltung „Wetterinformation für die Öffentlichkeit" des Zweigvereins Berlin und Brandenburg der Deutschen Meteorologischen Gesellschaft in unserem Ludwig-Erhard-Saal begrüßen, den wir im vergangenen Jahr nach einer gründlichen Renovierung eingeweiht haben.

Ludwig Erhard hat die BAM, deren Ursprünge auf die Königlich Technischen Versuchsanstalten des Landes Preußen und die Chemisch Technische Reichsanstalt zurückgehen, 1954 in das Bundesministerium für Wirtschaft als Bundesoberbehörde übernommen, damals für Berlin eine wichtige Entscheidung. Unsere Tätigkeiten stehen unter der Leitlinie „Sicherheit und Zuverlässigkeit in Chemie- und Materialtechnik". Unter Material verstehen wir alle festen, flüssigen und gasförmigen Stoffe.

Das Material der Meteorologen ist – so denke ich – primär die Atmosphäre, deren zeitliche und örtliche Veränderungen in Abhängigkeit von Druck, Temperatur, Windgeschwindigkeit und anderen Einflußgrößen das Wetter bestimmen.

Unsere Materialien sind primär die Werkstoffe, deren Verhalten ebenfalls von Druck, Temperatur, Beanspruchungsgeschwindigkeit und anderen Einflußgrößen abhängt. Wir haben aber gegenüber den Meteorologen einen entscheidenden Vorteil: Unsere Materialien sind in Form von Bauteilen relativ klein, so daß wir die Meßstellen beliebig dicht legen können. Damit kommen wir zu sicheren Aussagen über das Materialverhalten, die vor allem dann wichtig sind, wenn das Verhalten von sicherheitsrelevanten Bauteilen und Produkten zu ermitteln ist.

Hier haben es die Meteorologen viel schwerer. Schon allein aus Kostengründen kann das Meßnetz nicht so verdichtet werden, wie es eigentlich notwendig wäre. Die Meteorologen stehen außerdem unter der ständigen Beobachtung der Öffentlichkeit, die natürlich sofort registriert, wenn die Wettervorhersage einmal nicht stimmt.

Sie wenden sich mit dieser Veranstaltung bewußt an die Öffentlichkeit und beschäftigen sich mit den vielfältigen Möglichkeiten der Informationen über das Wetter für die Öffentlichkeit. Ich wünsche den Vortragenden viel Erfolg und den Hörern zwei lehrreiche Tage.

Prof. Dr. Karl-Heinz Habig
Mitglied des Präsidiums der Bundesanstalt für Materialforschung und -prüfung

1.2 Das „Daumenkino"
Matthias Eckardt

Eine Folge von 50 Satellitenbildern im Stunden-Abstand (5.9.1998, 00.00 UTC bis 7.9.1998, 02.00 UTC)

Der europäische Wettersatellit METEOSAT 7 umkreist die Erde in der Äquatorebene in einer Höhe von ca. 36.000 km einmal pro Tag. Der Satellit bewegt sich synchron zur Erddrehung und kann daher dieselben Gebiete auf der Erde ständig erfassen. Man bezeichnet diese Bahn auch als geostationär. METEOSAT 7 gehört zum System von insgesamt sieben meteorologischen Satelliten auf dieser Bahn, die eine globale Beobachtung bis 70 Grad Breite auf jeder Halbkugel garantieren. Mit seiner „Position" von 0 Grad erfaßt er Europa, den Atlantik, Afrika und Teile des Nahen Ostens und Südamerikas. Jede halbe Stunde tastet das Satellitenradiometer die im Blickfeld liegende Erdoberfläche in drei Spektralbereichen ab.

Die hier gezeigte Bildfolge beruht auf Aufnahmen im thermischen Infrarotbereich, wobei die von der Erdoberfläche oder den Wolken kommende Wärmestrahlung vom Satelliten erfaßt und dann in Grauwerte umgesetzt wird. Die Wolken erscheinen umso heller, je kälter sie sind bzw. je höher sie in der Atmosphäre ziehen. Die Einfärbung der Landoberflächen und das Relief wurden als feste Untergrundmaske vorgegeben.

Daumenkino und Titelbild wurden mit der „SAT3D"-Software erstellt (s. Beitrag Dümmel). SAT3D wird in einem Projekt mit RTL-Television an der FU Berlin entwickelt. Die Meteosat-Rohbilder stellte freundlicherweise Meteo Consult b.v. (Holland) zur Verfügung.

Kurze Beschreibung der Wetterlage am 5./6. September 1998 über dem Atlantik und Europa

Am 5. September um Mitternacht liegt der in ein außertropisches Sturmtief umgewandelte ehemalige Hurrikan DANIELLE über dem mittleren Atlantik. Das Wolkenband der Okklusion windet sich bis in das Zentrum des Tiefs. Während auf der Nordseite noch ausgeprägte Cirruswolken vorherrschen, sind in das Wolkenband der Kaltfront stärkere konvektive (= Schauer-) Komplexe eingebettet. Bis zum Ende der Serie setzt sich nun die Verwirbelung mit einer deutlichen Rotation des Wolkenbandes gegen den Uhrzeigersinn fort, und das Zentrum bewegt sich in Richtung Irland.

Über Mittel- und Westeuropa liegt anfangs noch das Tiefdrucksystem NICOLE mit zwei Zentren und einem langgestreckten frontalen Wolkenband, das besonders über Mitteleuropa sehr kompakt ist. Im Teiltiefzentrum über dem Kanalausgang erkennt man eine zusätzliche zyklonale Rotation, wobei sich das ganze Wolkensystem unter Abschwächung weiter nach Osten bewegt.

Das Daumenkino

Den eigentlichen Film-Effekt erhält man, wenn man die Seiten 21 bis 119, auf denen jeweils eines der Bilder unten rechts gedruckt ist, zwischen Daumen und Zeigefinger nimmt und sie rasch nacheinander aufblättern läßt. So kann schon mit einem einfachen Daumenkino die ständige Bewegung in der Atmosphäre verdeutlicht werden!

Dipl.-Met. Matthias Eckardt ist wissenschaftlicher Mitarbeiter der Gruppe „Wechselwirkung im Klimasystem Erde" des Instituts für Meteorologie, FU Berlin.
E-mail: eckardt@mepc03.met.fu-berlin.de

2. Interdisziplinäre Aspekte

Information für die Öffentlichkeit, zumal der Anspruch gestellt wird, „optimale Information" liefern zu wollen, hat primär mit Meteorologie wenig zu tun – dies ist eine Aufgabe, der sich sämtliche Disziplinen annehmen müssen. Die Zeit der im „Elfenbeinturm" für sich allein lebenden Wissenschaftler ist vorbei. Jeder hat das Recht, sich über Dinge informieren zu können, die ihn angehen oder die ihn interessieren.

Andererseits setzt sich auch unter den Wissenschaftlern mehr und mehr die Erkenntnis durch, daß sie der Öffentlichkeit – wie auch immer diese zu definieren ist – Information über die Ergebnisse ihres Tuns zu geben haben, wenn sie überhaupt eine Berechtigung für ihre Forschungen begründen wollen. Vor allem Grundlagenforschung, die zum Teil sehr teuer ist und die in ihrem Kern oftmals Laien nur schwer verständlich zu machen ist, unterzieht sich heute in immer stärkerem Maße der Öffnung nach außen.

So kann auch Information, die von Seiten der Meteorologen an die Öffentlichkeit gelangt, nicht „nur" z. B. eine Klima-Aussage sein, die behauptet, daß es demnächst auf der Erde immer wärmer würde (oder auch nicht); um zu überzeugen, muß jeweils diese Aussage begründet, erklärt werden. Auch eine „Wettervorhersage" steht nicht einfach für sich allein da, etwa in einer Zeitung. Für die Glaubwürdigkeit, Verläßlichkeit, Güte werden weitere Kriterien benötigt, die zumindest auf Nachfrage erhältlich sein müssen.

Die Verzahnungen mit anderen Wissens- und Wissenschafts-Bereichen werden von immer mehr Menschen wahrgenommen; sie wollen Information über sprachliche, didaktische, vielleicht auch künstlerische Zusammenhänge von Wetter und Klima mit ihrem täglichen Lebensbereich erfahren. Oft werden auch Möglichkeiten gesucht, Kenntnisse außerhalb von Schule bzw. Universität zu erlangen.

Auf den folgenden Seiten werden einige dieser Aspekte näher dargestellt. So berichtet der Semiotiker Hans-J. Wulff über „Formatierung", wobei zu beachten ist, daß Semiotik die Lehre von den sprachlichen Zeichen/Ausdrücken ist. Hierzu gehören auch die Metaphern = bildliche Übertragungen, z. B. sprachliche Vergleiche, die Dagmar Schmauks für die Bereiche Wetter und Klima beschreibt.

Eindrucksvoll ist der „virtuelle Museumsbesuch", den Franz Ossing aus meteorologischer Sicht an Hand einiger Gemälde des 17. Jahrhunderts vorstellt. In Gemälden ist noch viel mehr als nur „Kunst" erkennbar, in unserem Falle auch eine Menge Meteorologisches. Aber auch historische, astronomische und musikalische Aspekte sind bei der Beschäftigung mit diesem Themenbereich unausweichlich, und sofort sind Experten von anderen Disziplinen gefragt. So zog z. B. der Historiker Arthur Imhof Wissenschaftler von anderen Fächern heran, um zusätzliche Aussagen für das Projekt „Die Vier Jahreszeiten" zu erhalten, das in seinem hier folgenden Beitrag näher beschrieben wird.

Von Seiten der Deutschen Meteorologischen Gesellschaft unterstützten wir dieses Projekt, indem wir die für Internet-Nutzung aufbereiteten Teile, zusammen mit einigen weiteren Materialien, als CD-ROM herausgaben und somit einer größeren Öffentlichkeit zugänglich machten.

In der universitären Lehre werden diese Erfahrungen natürlich auch an junge Wissenschaftler vermittelt, die schon jetzt gelegentlich, später sicher häufiger der Öffentlichkeit ihre Arbeitsergebnisse erklären wollen und müssen. Beispiele dazu werden u. a. von Arthur Imhof, Susanne Danßmann und Antje Piel in den folgenden Beiträgen dargestellt.

2.1 Ein virtueller Museumsbesuch – Wetterinformation für eine bestimmte Öffentlichkeit

Franz Ossing

„Es ist seltsam, wie wenig die Menschen im allgemeinen über den Himmel wissen. Es ist der Teil der Schöpfung, in dem die Natur mehr zum Gefallen des Menschen ...getan hat, als in irgendeinem anderen ihrer Werke, und es ist genau der Teil, in dem wir ihr am wenigsten Beachtung schenken." (John Ruskin, „Von der Wahrheit der Himmel", zitiert nach W. Busch, 1997, S. 286)

Es gibt keinen anderen Bereich der Natur, der die Menschen tagtäglich so direkt berührt wie das Wetter. Das Interesse am Wetter scheint daher selbstverständlich. Leicht wird dabei vergessen, daß die „Wetterinformation für die Öffentlichkeit" ein durchaus komplexes Gebiet der Wissenschaftskommunikation darstellt. Die Meteorologen übersehen zudem häufig, welche Chance sich ihnen hier bietet. Während der Öffentlichkeitsarbeiter einer Forschungseinrichtung, die sich z. B. mit Teilchenphysik beschäftigt, es erst einmal schaffen muß, das breite Publikum für die durchaus spannenden Ergebnisse dieser Wissenschaft zu interessieren, ist für das Wetter das Interesse fast stets vorhanden – eine einzigartige Möglichkeit der Wissenschaftskommunikation.

Abb. 1: *Joos de Momper: „Sommer", (zwischen 1612 und 1620, Öl auf Eichenholz, 56x97 cm; mit freundl. Gen. des Herzog Anton Ulrich-Museums Braunschweig)*

Hier stellt sich allerdings den Meteorologen und den Teilchenphysikern das gleiche Problem: Im Regelfall sind die Fachwissenschaftler nicht zugleich Öffentlichkeitsarbeiter. Ein häufiges Mißverständnis der Wissenschaftler ist, daß zur Überwindung der Kommunikationslücke zwischen hoher Wissenschaft und Massenpublikum die Wissenschaftsjournalisten die Helotenarbeit des Wissenstransports zu übernehmen hätten. Das ist jedoch nur halb richtig: Zwar tut ein (guter) Wissenschaftsjournalist genau das, aber er stellt trotzdem in erster Linie sein Produkt her (i.e. einen Zeitungsartikel, ein Hörfunkfeature oder eine TV-Sendung), das sich im echten Wortsinn verkaufen muß. Hierzu gehört die notwendige Popularisierung und, insbesondere in den Boulevardmedien, Inszenierung, die den Wissenschaftlern meistens mißfällt (Haller 1992, Korbmann 1992, vgl. auch den Beitrag von W. Göpfert in diesem Band).

Damit stellt sich die zweite Frage, nämlich die nach den Konsumenten. „Die Öffentlichkeit" gibt es nicht, sondern verschiedene Öffentlichkeiten, die sich für ihre Informationsbedürfnisse an verschiedenen Medien orientieren. Wetterinformation für die Öffentlichkeit ist mithin Wissenschaftskommunikation für verschiedene Publikumsgruppen mit Hilfe verschiedener Informationsträger. So trivial wie diese Feststellung, so differenziert sind diese Öffentlichkeiten und ihre jeweilige Mediennutzung. Und gerade weil sich alle, von Otto Normalverbraucher über den Nobelpreisträger bis hin zum Meteorologen, für das Wetter interessieren, ist dieses Thema der Wissenschaftsvermittlung so komplex. Das gilt um so mehr, wenn man über den engen Bereich der täglichen Wetterkarte und -vorhersage hinausblickt. Denn Öffentlichkeit definiert sich auch im Marktsystem nicht ausschließlich über Angebot und Nachfrage, sondern über die verschiedenen Kategorien des gesamten gesellschaftlichen Lebens.

Es gibt also nicht *die* Wetterinformation, die für alle Menschen gleichmäßig ideal ist. Es gibt jedoch die großartige Möglichkeit, Wissenschaft über die Atmosphäre mit Hilfe des Themas Wetter in sehr unterschiedlich denkende Köpfe zu transportieren.

Medien als Transportmittel
Auf dem Weg zur Arbeit lesen die Menschen Zeitungen und sehen nicht fern. Im zähflüssigen Verkehr hören sie Radio und lesen keine Zeitungen. Nach der „Heute"-Sendung informiert Inge Niedek über das Wetter von morgen, zu dieser Uhrzeit liegt die Zeitung bereits im Altpapier. Wer wann welche Medien wie lange zu welchen Zwecken nutzt, ist ein weites Forschungsfeld, nicht zuletzt wegen der darauf basierenden Werbewirtschaft. Eben weil die Wetterinformation ein umfassendes Interesse auf sich zieht, hat der Wetterbericht in allen Medien Ankerfunktion.

Neben die oben genannten Medien ist in den letzten Jahren das Internet mit seinen Diensten getreten. Hier ergibt sich, ohne in die allgemeine Euphorie einstimmen zu wollen, eine neue Möglichkeit, Wissenschaft zu vermitteln, weil das Internet mit seinen verschiedenen Diensten unendlich viele Möglichkeiten der Verknüpfung von

Quellen bietet. In Büchern, Zeitschriften, Radio, Fernsehen, Video wird ein Bericht, eine Geschichte, eine Story in einer linearen Weise vom Anfang bis zum Ende entwickelt. Der damit verbundene Nachteil liegt auf der Hand: Je nach Schwierigkeitsgrad des Themas kann entweder nur bis zu einer bestimmten Tiefe dargestellt werden, oder/und je nach Zielpublikum muß ein bestimmtes Schwierigkeitslevel eingehalten werden.

Anders ist es bei der mit dem Internetdienst WorldWideWeb (WWW) verbundenen Kodierung HTML (Hypertext Markup Language). Zwar läuft auch hier der horizontale Entwicklungsstrang einer Darstellung linear vom Beginn zum Schluß ab. Zugleich bietet der HTML-Code jedoch die Möglichkeit einer vertikalen Staffelung eines Themas durch die Möglichkeit, bestimmte Schlagwörter anzuklicken und die nächste Informationsstufe zur Vertiefung des Themas zu nutzen. Der Satz „*Tiefausläufer* streifen Nordostdeutschland" kann in diesem Falle durch das anklickbare Wort „Tiefausläufer" eine größere Informationstiefe erreichen, indem man dieses Wort mit einer Verbindung zur Erklärung von „*Kalt- und Warmfront*" versieht. Die nächste Stufe wäre, „Kalt- und Warmfront" mit einer Erklärung zu Tief- und Hochdruckgebieten zu verbinden, „Tief- und Hochdruckgebiete" wiederum mit dem „Norwegischen Frontenmodell", dies weiter mit „Zyklogenese" etc. Im Idealaufbau steigert sich das Informationsniveau kaskadenartig mit zunehmender Tiefe, die prinzipiell beliebig komplexes Niveau erreichen kann.

Hinzu kommt bei den neuen elektronischen Kommunikationsmitteln die Möglichkeit, die Nutzung verschiedener Medien miteinander zu verknüpfen, ein Bildelement (z. B. eine Wolke) anklickbar zu machen, ein Standbild oder einen Film einzubinden, falls gewünscht, mit Vertonung. Auch diese Multimedia-Nutzung kann in der oben geschilderten Weise horizontal und vertikal gegliedert und in ihrer Informationsdichte gestaffelt werden.

Man stößt dabei auf das Problem, daß eine zu weitgehende Tiefstaffelung zu Verzettelung führt und der – immer noch notwendige – horizontale Leseprozeß sich in beliebiges Herumklicken (oder im WWW: Surfen) auflöst. Zudem ist es immer noch „menschliches Maß" (E. F. Schumacher), horizontal zu lesen; konzentriertes horizontales und vertikales Blättern simultan, zumal am Bildschirm, setzt auch entsprechend geschultes und gewöhntes „Lesen" voraus, was nicht unbedingt jedermanns Sache ist.

Anzumerken ist allerdings, daß z. Zt. lediglich 2 bis 3% aller Haushalte Deutschlands mit dem Internet verknüpft sind, wobei die Schätzungen z.T. gehörig variieren. Für 1997 werden als absolute Zahl der deutschen Internet-Anwender 3,75 Mio. Personen (ACTA-Umfrage, Allensbach) bis 5,8 Mio. Personen (Online-Monitor der Gesellschaft für Konsumforschung) im Alter zwischen 14 und Mitte 50 genannt. Das sind im Vergleich zu Zeitungslesern oder Fernsehzuschauern sehr geringe Zahlen.

Dennoch ist mit den neuen elektronischen Medien ein neues Kommunikationsmittel entstanden, das zur Wissenschaftsinformation sich immer deutlicher als unverzichtbar erweist. Wie mit Hilfe eines solchen Mediums Wetterinformation in die Öffentlichkeit gebracht werden kann, soll im Folgenden gezeigt werden.

Ein virtueller Museumsbesuch
Eine im oben genannten Sinn sehr heterogene Öffentlichkeit sind die Besucher eines Museums. Hier finden sich alle Altersklassen, sozialen Schichten, Einkommensgruppen, Bildungsstufen und was es an Kategorien der Sozialstatistik noch gibt. Museumspädagogen wissen ein Lied davon zu singen, welche Probleme die Informationsvermittlung an ein solch unterschiedliches Publikum aufwirft.

Betrachter der Landschaftsgemälde aus dem flämischen und holländischen Barock werden sich im Regelfall bei der kontemplativen Betrachtung nicht unbedingt fragen, wieso der Himmel blau ist. Dennoch haben diese Bilder, wie nahezu alle Landschaftsdarstellungen, erheblichen meteorologischen Informationsgehalt (Gedzelman 1989 ff, Neumann/Ossing 1996, Wehry/Ossing 1997). Die flämischen und holländischen Landschaftsgemälde des 17. Jahrhunderts (Sutton 1987) zeigen Wetter und Wolken mit einem höchst naturgetreuen Detailreichtum. In der Kunstgeschichte gibt es eine weit zurückreichende und immer noch andauernde Diskussion über den Himmel über Holland. Wenn ein Museumsbesuch erbaulich und bildend wirken soll, gibt es hier auch für Meteorologen ein weites, nahezu unbeackertes Feld der Wissenschaftskommunikation.

Der blaue Himmel eines flämischen Meisters
Mit der holländischen Malerei des 17. Jahrhunderts gewinnt der Himmel eine bis dahin unbekannte Bedeutung in der Landschaftsdarstellung. Auf dem Weg dorthin kommt den flämischen Landschaftsmalern, insbesondere Pieter Breughel d. Ä., Joos de Momper und Peter Paul Rubens, eine Schlüsselrolle zu. Bereits hier besitzt der Himmel eine die Atmosphäre des Gemäldes bestimmende Funktion.

Joos de Momper (1564 –1635) zählt deshalb zu den bedeutendsten flämischen Landschaftsmalern, weil seine Landschaftsdarstellungen den Übergang von der Weltlandschaft der Manieristen zur naturalistischen holländischen Landschaftsmalerei des 17. Jahrhunderts aufzeigen.

Im zum Museum hergerichteten Arbeitszimmer Konrad Adenauers im Palais Schaumburg, Bundeskanzleramt zu Bonn, hängt ein Gemälde Joos de Mompers von ca. 1620, eine *„Flußlandschaft mit bewachtem Weg".* Hervorstechend an diesem Bild ist die farbliche Gestaltung von Vorder-, Mittel- und Hintergrund, die typisch ist für die flämische Malerei des Barock: rotbraune Farben vorn, gelbgrüne im Mittelgrund, graublaue Farbtöne in der Ferne.

In diesem bisher kaum bekannten Werk Mompers sind die Bildebenen und ihre Farbgebung deutlich zu identifizieren. Große, rotbraune Felsbrocken im linken Bildvordergrund sowie am rechten vorderen Bildrand, braungrüne Blätter am Baum rechts und ein rotbraunes Haus am oberen Rand des unteren Bilddrittels ergeben die

Vordergrundkulisse. Bewaldeter grüner Fels rechts im Bild, eine gelbe Sandfläche in der Bildmitte, sowie ein Wald am linken mittleren Bildrand erzeugen die Ebene der optischen Bildmitte. Das Auge wird dorthin geleitet durch den Fluß und durch den Weg, die aus dem Vordergrund in die Tiefe führen. Die beiden grün bzw. gelb gekleideten Wachen vermitteln zusätzlich zwischen Vorder- und Mittelgrund. Der Hintergrund schließlich wird gebildet durch blaugraue Berge in der Ferne sowie den Fluß, der eine ebensolche Färbung zum Horizont hin erhält. Am fernen Himmel finden sich taubengraue Cumulus- oder Cumulonimbuswolken wie nach einer abziehenden Regenfront.

Diese Farbabstufung vermittelt den Eindruck großer Tiefe in Mompers Gemälden. Die warmen Farben des Vordergrundes und das helle Graublau der Ferne werden optisch verbunden durch gelbe und grüne Bildelemente im Mittelgrund. Verstärkt wird dieser Eindruck durch diagonal in die Bildtiefe führende Wege oder Flüsse.

Abb. 2: Joos de Momper: „Flußlandschaft mit bewachtem Weg" *(117x 84 cm, Öl auf Holz, ca. 1620, Adenauer-Zimmer im Palais Schaumburg, mit freundlicher Genehmigung des Bundeskanzleramts Bonn)*

Vermittlung des meteorologischen Gemäldeinhalts mit Hilfe digitaler Technik
Um es deutlich auszusprechen: Kein noch so guter Computerbildschirm kann einen Museumsbesuch ersetzen. Der unglaubliche Detailreichtum und die gemalte Feinstruktur eines Meisterwerkes ist nur in direkter Anschauung zu erleben. Für die Vermittlung meteorologischer Information aus dem Gemälde ist eine digitale Darstellung hingegen hervorragend geeignet, da sie zugleich die oben geschilderte Tiefenstaffelung der Information erlaubt (Neumann/Ossing 1996). Anhand eines Beitrages auf einer von der Deutschen Meteorologischen Gesellschaft herausgegebenen CD-ROM über Joos de Momper (Kelch/Ossing 1998) soll dieses illustriert werden.

Gemäldewolken
Auf einer ersten Ebene kann durch direkten Vergleich der Gemäldewolke mit einer passenden Wolkenfotografie die realistische Himmelsdarstellung Mompers gezeigt werden. Die Gemäldewolke stellt eine abziehende Schauerwolke im Sommer dar. Mittelhohe Bewölkung ist ebenfalls zu erkennen. Eine solche Wettersituation wird in Abb. 3 dargestellt.

Abb. 3: Abziehendes Gewitter *(Cumulonimbus capillatus) mit mittelhoher Bewölkung (Altocumulus cumulonimbogenitus), Trondheim, Norwegen, 12.8.1976, 17.55 MESZ (Foto: F. Ossing)*

Hier kann auf der CD-ROM die nächsttiefere Informationsstufe beim Anklicken des Datums der Bildunterschrift erreicht werden, wodurch eine Kurzinformation zur Wetterlage gegeben wird: „Bei Durchzug einer Kaltfront entwickelte sich der im Bild von einer Altocumulusschicht verdeckte Cumulonimbus (Cb), dessen Eisschirm (capillatus) am oberen Bildrand noch knapp zu erkennen ist. Der Altocumulus selbst entstand bei der Bildung des Cb (Altocumulus cumulonimbogenitus)." Diese Information setzt bereits mehr Kenntnisse der Meteorologie voraus als auf der Stufe vorher. Tiefergehende Informationen könnten dann zu einem Wolkenatlas, zur Frontentheorie, zur Gewitterbildung etc. führen, wurden hier aber bereits ausgeblendet, da eine zu tiefgehende Informationsstaffelung zu weit vom Thema wegführen würde.

Atmosphärische Optik 1: Streuung des Lichts
Mit der Analyse der Gemäldewolken ist jedoch die meteorologische Information des Gemäldes von Joos de Momper noch nicht ausgeschöpft. Das flämische Farbschema beruht auf sehr genauer Beobachtung der Natur. Mompers Farbgebung entspricht dem Gang des Sonnenlichtes durch die Atmosphäre. Die Wahrnehmung des Lichtes durch das menschliche Auge wird, physikalisch ausgedrückt, bestimmt durch die Streuung der Sonnenstrahlung im sichtbaren Bereich an den Molekülen und Partikeln der Atmosphäre. Gerade bei lichtdurchfluteten Landschaften überwiegen aufgrund der Streuung des Lichtes (Rayleigh-Streuung) die warmen Farbtöne im Vordergrund und die kalten Farbtöne im Hintergrund.

Diese Information wird unterstützt durch ein Landschaftsfoto, welches diesen Effekt in der Natur zeigt (Abb. 4).

Abb. 4: Entfernte Gegenstände erscheinen blaugetönt aufgrund von Rayleigh-Streuung
(Foto: F. Ossing)

Durch Anklicken des Begriffs „Rayleigh-Streuung" im Text oder der Bildunterschrift wird die nächsttiefere Information angezeigt: *„Was unsere Augen sehen, ist die Wahrnehmung reflektierter Strahlung im sichtbaren Bereich. Ohne Atmosphäre erschiene uns die Sonne als eine gleißende Scheibe, der Himmel wäre schwarz. Erst durch die Streuung der Sonnenstrahlen an unendlich vielen Molekülen und Partikeln der Atmosphäre erhält der Himmel seine Färbung. Die Reflexion der Lichtstrahlen an Gegenständen macht diese erst für uns sichtbar. Das sichtbare Sonnenlicht besteht aus Strahlung unterschiedlichster Wellenlängen, die ein Farbspektrum von Violett und Blau über Grün und Gelb zu Rot ergeben. Das weiße Licht entsteht durch die Mischung dieser Farben.*

Die Streuung des Lichtes nimmt mit abnehmender Wellenlänge zu. Das Himmelsblau ergibt sich als gewichtetes Mittel aller gestreuten Strahlung des sichtbaren Bereiches, in dem der kurzwellige Blau-Anteil überwiegt. Umgekehrt beruht auch die Rotfärbung der tiefstehenden Sonne auf diesem Effekt, da aufgrund des langen Weges durch die Atmosphäre die Blau- und Grünanteile aus der direkten Sonnenstrahlung herausgestreut werden und Orange und Rot überwiegen.

Die blaugraue Färbung entfernter Landschaftsteile, die Momper in seinen Bildern stets zur Herstellung optischer Tiefe der Gemälde einsetzt, beruht auf genau diesem Streu-Effekt. Weit entfernte Berge erscheinen auch in der Natur blaugrau, wenn sie dunkler sind als der Himmel. Ihre dunklere Färbung wird übertüncht durch das blaue Streulicht der Atmosphäre zwischen den fernen Bergen und dem Beobachter. Nahe Gegenstände werden dagegen weitaus weniger durch das blaue Streulicht eingefärbt, daher behalten sie ihre ‚wärmere' Farbtönung, wie z. B. das gelbe Getreidefeld auf dem Foto."

Für Leser mit tiefergehenden physikalischen Kenntnissen wird ein Diagramm eingeblendet, das die unterschiedliche Streuung bei unterschiedlichen Wellenlängen und durchstrahlter optischer Luftmasse anschaulich darstellt:

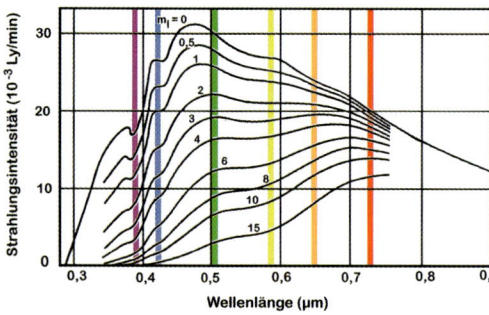

Abb. 5: Spektrale Energieverteilung der direkten Solarstrahlung in Abhängigkeit von der durchstrahlten Luftmasse m_l (Ossing, bearbeitet nach Feußner und Dubois 1930)

Die nächste Informationsebene könnte sich mit den Begriffen elektromagnetische Strahlung, Strahlungsenergie, Luftmasse, Mie-Streuung u. ä. befassen, wird aber ausgeblendet, um nicht zu weit vom Thema abzukommen.

Atmosphärische Optik 2: Querverbindung zu einem verwandten Thema

Mompers Gemäldezyklus „Die vier Jahreszeiten" im Herzog Anton Ulrich-Museum Braunschweig (Steland, 1986) ist allein vom Thema her geradezu prädestiniert für die Vermittlung des meteorologischen Gehaltes seiner Bilder an das Publikum. Auf der CD-ROM wird dort in zwei weiteren Beiträgen (Wehry/Mühr 1998) die Wetterinformation aus diesen Gemälden Mompers verdichtet.

Ein inhaltlicher Querverweis ergab sich durch die Darstellung eines Regenbogens im Frühjahrsbild des Momperschen Zyklus'. Neben der oben geschilderten flämi-

Abb. 6: Joos de Momper: „Frühling", (zwischen 1612 und 1620, Öl auf Eichenholz, 56×97 cm; mit freundl. Gen. des Herzog Anton Ulrich-Museums Braunschweig)

Abb. 7: Aprilwetter mit Quellwolke (Cumulonimbus calvus); aus der Wolke fällt ein Schneeregenschauer. Aufnahme v. 8.4.1975, 15.35 MESZ, Coesfeld-Klye, Westfalen (Foto: F. Ossing)

schen Farbabstufung ergibt sich durch das Einfügen eines Regenbogens (Abb. 6) ein weiterer Aspekt im Kontext atmosphärischer Optik.

Das im Gemälde dargestellte Wetter ist typisch für den April: Die naturgetreue Schauerwolke läßt sich als jahreszeitentypische Quellwolke (Cumulus congestus oder Cumulonimbus) bestimmen, auf der ein Regenbogen erkennbar ist. Von links her scheint die Sonne durch Wolkenlücken in die Szenerie.

Als erste Information läßt sich durch ein geeignetes Foto die Wolkendarstellung verifizieren (Abb. 7).

Auch hier kann durch Anklicken des Datums in der Bildunterschrift weiterreichende Information zur Wetterlage eingeholt werden: *„Nach dem Durchzug einer okkludierten Front floß maritime Arktikluft nach Mitteleuropa ein. In der stark labil geschichteten Luft gab es wiederholt Regen-, Schnee- und Graupelschauer mit dazwischenliegenden sonnigen Phasen."*

Im nächsten Schritt wird die Darstellung des Regenbogens thematisiert: *„Die weißliche Färbung des Regenbogens deutet darauf hin, daß sich in dem Niederschlag, der den Regenbogen erzeugt, auch Schnee oder Graupel befinden muß. Ein Regenbogen entsteht aufgrund der Brechung des Sonnenlichtes in den Regentropfen, Schnee und Graupel können keinen Regenbogen erzeugen. Die Wolke ist also typisch für die Jahreszeit, in der Regen mit Schnee oder Graupel vermischt fällt."*

Bei aller Detailtreue weist der Regenbogen des Gemäldes dennoch einige Unstimmigkeiten auf. Von links oben fallen Strahlenbündel ins Bild. Regenbögen erscheinen jedoch ausschließlich in Opposition zur Sonne, ihr Zentrum befindet sich stets

Abb. 8: *Wer einen Regenbogen beobachtet, hat immer die Sonne im Rücken, wie das Foto zeigt: Der Schattenwurf des Fotografen läuft genau auf das Zentrum des Regenbogens zu. Regenbogen, Sierksdorf/Holstein, 27. 8. 1978, 18.40 MESZ (Foto: F. Ossing)*

180° von der Sonne entfernt. Dieser Sachverhalt wird durch ein Foto mit anklickbarer Information zum Wetter dargestellt (Abb. 8).

„In Mompers Gemälde jedoch scheint die Sonne von links in das Bild, ihr Strahlengang bildet also einen Winkel von etwa 90° zum Regenbogen. Diese Darstellung ist nach den Gesetzen atmosphärischer Optik unmöglich.

Auch steht der Regenbogen zu hoch am Himmel. Die Höhe der Sonne über dem Horizont beträgt im Gemälde fast 40 Grad. Bei Sonnenhöhen über 42 Grad verschwindet der Haupt-Regenbogen ganz, im Gemälde müßte er also entschieden flacher sein."

Ergänzt werden kann diese Information (auf vertikal gleicher Informationsebene) durch einen Hinweis auf den Wissensstand der Naturforscher und Künstler des 17. Jahrhunderts: *„P. P. Rubens, ein später Zeitgenosse Mompers und exzellenter*

Landschaftsmaler, hatte die gleichen Probleme bei der Darstellung seiner Regenbögen. Die Lichtbrechung im Regenbogen wurde 1637 zuerst von Descartes entdeckt; es brauchte weitere 30 Jahre, bis Newton die Farben des Regenbogens erklären konnte." Diese Informationsstaffelung ergibt zugleich einen schlüssigen Hinweis zur Bildgestaltung: „Ein solches Wetter entspricht, genau betrachtet, nicht der im Gemälde dargestellten Szenerie. Die Weißwäsche, die zum Trocknen und Bleichen auf die Wiese gebracht wurde, würde sicherlich nicht bei Schauerwetter, sondern bei ‚gutem Trockenwetter' (Steland, S. 15) ausgelegt werden. Insofern können die fortziehende Niederschlagswolke und der Regenbogen ikonographisch für das neu aufblühende Leben nach dem dunklen Winter stehen."

Wissenstransport
Der Betrachter des Bildes „Flußlandschaft mit bewachtem Weg" erhält also Information zum Wetter im Gemälde, die sein Gemäldeschauen unter anderem um das Wissen bereichert, weshalb der Himmel blau ist. Mit dieser Fragestellung geht ein Museumsbesucher üblicherweise nicht in eine Gemäldeausstellung. Die technischen Möglichkeiten zur Vermittlung dieses meteorologischen Wissens stehen zur Verfügung: Ein kleiner PC mit der notwendigen Browser-Software neben dem Gemälde reicht aus. Auch ließe sich durch eine reine Audio-Fassung dieses Beitrages die Information mit Hilfe tragbarer CD-Player während des Museumsbesuches direkt vor dem Gemälde abrufen. Zusätzlich kann die Darstellung auf eine CD-ROM mit all ihren multimedialen Möglichkeiten gebracht werden und im Museumsshop zum Verkauf angeboten werden, wobei der Preis niedriger sein kann als ein Büchlein im Vierfarbdruck. So gerät auch ein Museumsbesuch zur Wetterinformation für die Öffentlichkeit.

Der Autor dankt dem Bundeskanzleramt für die freundliche Erlaubnis zur Reproduktion des Gemäldes von Joos de Momper aus dem Arbeitszimmer Konrad Adenauers im Bundeskanzleramt zu Bonn.

Literatur:

Busch, W. (Hrsg.): „Landschaftsmalerei", Geschichte der klassischen Bildgattungen in Quellentexten und Kommentaren, Reimer-Verlag, Berlin 1997

Deutsche Meteorologische Gesellschaft e.V., ZV B+B (Hrsg.): „Die Vier Jahreszeiten nach einer Bildfolge von Joos de Momper (1615) in Geschichte, Meteorologie, Astronomie und Musik", CD-ROM, Eigenverlag der Deutschen Meteorologischen Gesellschaft e.V., ZV B+B, Berlin 1998

Gedzelman, Stanley David: „The Soul of all Scenery. A History of the Sky in Art", unveröffentlichtes Manuskript. New York. o. J.

Gedzelman, Stanley David: „Cloud Classification Before Luke Howard", in: Bulletin of the American Meteorological Society 70. 1989. S. 381–394.

Gedzelman, Stanley David: „Atmospheric Optics in Art", in: Applied Optics 30. 1991 a. S. 3514–3522.

Gedzelman, Stanley David: „Weather Forecasts in Art", in: Leonardo 24. 1991 b. S. 441–451.

Gerwin, R. (Hrsg.): „Die Medien zwischen Wissenschaft und Öffentlichkeit", Edition Universitas, 90 S., Stuttgart, 1992

Haller, M.: „Mit großer Pose die tumbe Welt erwecken? Wissenschaft und Journalismus – vom Gegensatz zur Partnerschaft", in: Gerwin, R. (1992)

Kelch, J./Ossing, F.: „Wolken, Himmel und atmosphärische Optik bei Joos de Momper", Beitrag in: Deutsche Meteorologische Gesellschaft (1998)

Korbmann, R.: „Elf Mißverständnisse zwischen Wissenschaft und Medien", in: Gerwin, R. (1992)

Neumann, Nathalie/Ossing, Franz/Zick, Christian: „Wolken-Ge-Bilde", Interaktiver Vergleich der Himmelsdarstellung der holländischen Landschaftsmalerei des 17. Jahrhunderts mit Himmelsfotografien, Kapitel der CD-ROM „Wolken-Malerei-Geschichte", Hrsg.: Deutsche Meteorologische Gesellschaft, Berlin 1996

Steland, A. C.: „Die vier Jahreszeiten. Zu einer Bilderfolge von Joos de Momper", hrsg. v. Herzog Anton Ulrich-Museum Braunschweig, 67 S., Braunschweig, 1986

Sutton, P. C. (Hrsg.): „Masters of the 17th Century Dutch Landscape Painting", 563 S., Boston, 1987

Wehry, W. (Hrsg.): „Wetterinformation für jedermann – aber wie?", Eigenverlag der Deutschen Meteorologischen Gesellschaft, 153 S., Berlin 1991

Wehry, W./Mühr, B.: „Wolken und Wetter über den Vier Jahreszeiten", Beitrag in: Deutsche Meteorologische Gesellschaft (1998)

Wehry, W./Ossing, F. (Hrsg.): „Wolken, Malerei, Klima in Geschichte und Gegenwart", Eigenverlag der Deutschen Meteorologischen Gesellschaft, 191 S., Berlin 1997

Dipl.-Met. Franz-J. Ossing ist Leiter der Öffentlichkeitsarbeit am GeoForschungsZentrum Potsdam.
E-mail: ossing@gfz-potsdam.de

2.2 „Die Vier Jahreszeiten" – eine interdisziplinäre Untersuchung mit neuen Medien – CD-ROM/Internet

Arthur E. Imhof

Was bisher war

Das Thema der *Vier Jahreszeiten* ist gewiß nicht neu. Wie könnte es das auch sein, wo wir – und unsere Vorfahren seit der Antike – durch den jährlich wiederkehrenden Reigen der Jahreszeiten geprägt wurden und werden. So überrascht denn auch wenig, daß es Dutzende, ja Hunderte von Publikationen, Stellungnahmen, Ratschlägen, Warnungen, Kommentaren zum Thema gibt: philosophische, theologische, medizinische, musikalische, malerische, kunsthistorische, dichterische, volkskundliche, pädagogische, astronomische, astrologische, meteorologische, abergläubische oder einfach auch nur nachdenkliche.

Abb. 1: *„Die Vier Jahreszeiten: Der Herbst", Joos de Momper (mit freundl. Genehmigung des Herzog Anton Ulrich-Museums Braunschweig)*

Die CD-ROM ist sich dieser Papierfülle wohl bewußt. Um den allfälligen Wissensdurst Lesehungriger zu stillen, enthält sie in einem eigenen Kapitel Dutzende relevanter Titel. Sie heißen etwa: „Mittelalterliches Lebensgefühl im jahreszeitlichen Wechsel" (Fritz Peter Knapp), „Die Jahreszeiten in der Vertonung von Joseph Haydn" (Georg Feder), „Meteorologie und Transzendenz – Jahreszeiten-Musik" (Otto Brusatti).

Aber auch bezüglich **unseres Malers Joos de Momper** und *seines* Vierjahreszeiten-Zyklus' gibt es manches zu lesen, so von Teréz Gerzi „Joos de Momper und die Bruegel-Tradition", „Joos de Momper als Zeichner" oder „Contributions to Joos de Momper's Early Draftmanship". Ferner wird man immer wieder auf *das* Standardwerk von Klaus Ertz aus dem Jahre 1986 zurückgreifen: „Joos de Momper der Jüngere [1564–1635]. Die Gemälde mit kritischem Œuvrekatalog" (darin über den Braunschweiger Vierjahreszeiten-Zyklus die Seiten 215–221).

Nicht zuletzt aber hat sich die Mitarbeiterin an dieser CD-ROM, die Kunsthistorikerin und Museumspädagogin Anne Charlotte Steland, selbst mehrfach zum Thema geäußert, so in „De vier Tyden des Jaars van Momper. Eine motivgeschichtliche Untersuchung zu der frühbarocken Bilderfolge Joos de Mompers in Braunschweig" (1989) sowie in „Die vier Jahreszeiten. Zu einer Bilderfolge von Joos de Momper" (1986/1997).

Die Auflistung möchte dokumentieren, daß sich auch die vorliegende CD-ROM *nicht nur* mit dem Vierjahreszeiten-Zyklus des Joos de Momper begnügt, sondern zumindest einige darüber hinausgehende Themenbereiche mitbehandelt. Diese weisen in Richtung Meteorologie, Astronomie, historische Demographie, Vierjahreszeiten-Musik. Dennoch bleibt die Frage: Gibt es überhaupt noch *Neues* zu den *Vier Jahreszeiten* auszuführen? Schließlich möchte die CD-ROM nicht einfach ein Destillat oder eine Umsetzung von Bisherigem auf einem neuen Medium sein, sondern *Neues* vermitteln.

Abb. 2: „*Die Vier Jahreszeiten: Der Winter", Joos de Momper (mit freundl. Genehmigung des Herzog Anton Ulrich-Museums Braunschweig)*

Was neu ist

Zwar geht die CD-ROM eindeutig von Mompers *Vier Jahreszeiten* aus, genauer gesagt von dem im **Herzog Anton Ulrich-Museum Braunschweig** seit 1986 ausliegenden und dort nach wie vor käuflich zu erwerbenden 67seitigen Informationsheft zu Mompers Bilderfolge mit den darin enthaltenen, 1997 für die vorliegende CD-ROM-Fassung nochmals überarbeiteten Texten der Kunsthistorikerin und Museumspädagogin Anne Charlotte Steland sowie den vielfältigen Illustrationen des Museumsfotografen Bernd-Peter Keiser. Dennoch versteht sich von selbst, daß allein die CD-ROM-gerechte Umsetzung dieser Materialen mit ihren Dutzenden anklick-

Abb. 3: Teil einer Partitur von Vivaldis „Vier Jahreszeiten": Der Frühling, 2. Satz, Takt 1–7. Bei genauem Hinhören ist hier „das Bellen eines Hundes" zu vernehmen

barer Hyperlinks und den zahlreichen Zoom-, Such- und Printmöglichkeiten ein Vertiefen in das Thema nicht nur erleichtert, sondern wohl auch „wie neu" erscheinen läßt.

Richtig neu und über das Informationsheft hinausgehend ist, daß auf der CD-ROM echte multimediale Erweiterungen zum Zuge kommen. Während bisher etwa die erwähnten Ausführun-

gen über „Antonio Vivaldi: Concerti grossi, op. 8, Nr. 1–4, Die Jahreszeiten" nur gelesen werden konnten, so kann man sie nun gleichzeitig – den Text oder die Partitur auf dem Bildschirm vor Augen – auch hören.

Grundsätzlich neu und thematisch sowohl über das multimedial umgesetzte Informationsheft als auch die eingangs aufgelisteten Publikationen hinausgehend sind sodann interdisziplinäre Kapitel wie „Der nächtliche Himmel über den Vier Jahreszeiten" (von Jens Dengler, u. a. mit der Rekonstruktion der nächtlichen Frühjahrs-, Sommer-, Herbst- und Winterkonstellationen über Antwerpen von 1603 bis 1620) oder die unter Nutzung des Software-Pakets Caligari true Space 3 phantasievoll entwickelte dreidimensionale Präsentation des Stadttors aus Mompers Winterbild.

Im ebenfalls neuen Beitrag „Die Vier Jahreszeiten und der Historiker-Demograph" (A. E. Imhof) wird deutlich, wie stark unsere bäuerlichen Vorfahren von den wechselnden Jahreszeiten mit ihren unterschiedlichen Arbeitsbelastungen geprägt waren und wie sehr sich diesem Auf und Ab die saisonspezifische Verteilung von Geburten zum Vorteil von Mutter und Kind angepaßt hatte.

Meteorologische Aspekte werden in Beiträgen von F. Ossing („Wolken und Gemälde"), B. Mühr („Gemäldewolken könnten auch heute fotografiert werden") und W. Wehry („Klima und unterschiedliche Art der Jahreszeiten in West-, Mittel- und Ost-Europa") dargestellt.

Neu sind schließlich die allenthalben eingebauten und durch einfachen Mausklick aufrufbaren Internet-Links in die große weite Welt. Davon soll gleich ausführlicher die Rede sein.

CD-ROM und World Wide Web

Der Inhalt der CD-ROM wurde von Anfang an für eine Offline-Version auf CD und eine gleichzeitige Online-Veröffentlichung im World Wide Web = WWW (bei einer Auflösung von 1024 x 768 x 65.000 Farben) konzipiert. Dementsprechend sind sämtliche Dateien gemäß dem WWW-Standard in der plattform-übergreifenden HTM-Sprache geschrieben (HTML = Hypertext Markup Language), wodurch PC-, Apple Macintosh- und UNIX-Nutzer gleichermaßen auf den Inhalt zugreifen können.

Nun ließe sich einwenden, daß ein Erwerb der CD-ROM überflüssig sei, wenn man „dasselbe" online ohnehin „kostenlos" bekomme. Das Argument ist aus zwei Gründen nicht ganz stichhaltig. Zum einen enthält die CD-ROM in bezug auf Audio- und Video-Clips eine Reihe qualitativ besserer und quantitativ ausführlicherer Dateien, als dies aus Übertragungsgründen (zum Teil immer noch via Modem) in der komprimierteren WWW-Version der Fall ist. Zum anderen ist „online" für die Großzahl der WWW-Nutzer wohl keineswegs „kostenlos". Die Gebühren für Daten-Übertragung und WWW-Nutzung summieren sich.

Der eigentliche Vorteil dieser CD-ROM im HTML-Format liegt zukunftsweisend aber darin, daß im selben WWW-Browser beliebig zwischen off- und online hin- und hergewechselt werden kann. Anders als bei einem Buch kann der CD-ROM-Inhalt stets in ein aktuelles globales Bezugsnetz eingebunden werden. Sämtliche auf der CD behandelte Themen lassen sich nach Belieben vertiefen und erweitern. Entsprechend eigenen Vorlieben, Interessen, Lehr- oder Lerneinheiten können spezifische Bookmark-Files angelegt und à jour gehalten werden. Damit aber kommt man dem Ideal einer webbetreuten CD-ROM schon recht nahe, und der Nachteil von ROM wird mehr als wettgemacht (ROM = Read Only Memory: Was einmal auf der CD-ROM eingebrannt ist, kann nicht mehr verändert werden).

CD-ROM, World Wide Web und die Welt der CD-ROMs

Vom Ideal der „webbetreuten CD-ROM" ist es nur ein Schritt zum noch umfassenderen „CD-ROM, World Wide Web und die Welt der CD-ROMs": Wer den neuen Technologien im Multimediabereich aufgeschlossen gegenübersteht, wird es kaum mit nur einer CD-ROM bewenden lassen. In der Tat sind mittlerweile – allein mit Bezug auf den Inhalt unserer CD – Dutzende weiterer einschlägiger CD-ROMs auf dem Markt.

Werden derlei Themen im Rahmen universitärer Lehrveranstaltungen durch studentische Teilnehmer zwecks Erwerbs eines Leistungsnachweises bearbeitet (auf der vorliegenden CD-ROM sind dies zum Beispiel die Beiträge von Marco von Müller (s. Abb. 4) mit der dreidimensionalen Rekonstruktion des Stadttors im Winterbild sowie von Christopher Knipping und Jens Niederhut (s. Abb. 5) zur saison- und sozialschichtenspezifischen Kleidung der dargestellten Personen), dann müssen nicht nur die Inhalte der zusätzlich zu Rate gezogenen CDs den übrigen Teilnehmern am Bildschirm vorgeführt, kritisch kommentiert und bezüglich der Zusammenhänge mit dem Hauptthema vor Augen geführt werden, sondern ein ebenso wesentlicher Teil der Seminararbeit ist es, den zeitlich-räumlich globalen Bezug der Thematik durch sorgfältig ausgewählte WWW-Links herzustellen und im Plenum online zu erläutern. Diese Kombination zeitgemäßer medialer Technologien führt verständlicherweise zu einer ganz anderen, offeneren, aktuelleren, in aller Regel stimulierenderen Themenbehandlung, als dies eine Beschränkung auf gerade greifbare oder mühsam über Fernleihe beschaffte Literatur je vermöchte.

Nicht unerwähnt soll endlich bleiben, daß wir keineswegs die ersten sind, die das Thema der vier Jahreszeiten multimedial aufbereiten. Es ist indes, wie sich auch in den vorliegenden Ausführungen immer wieder zeigte, dermaßen facettenreich, daß verschiedene Versionen einander kaum je konkurrieren, sondern sich aufgrund ihrer unterschiedlichen Zugangsweisen vielmehr ergänzen. Angeführt sei zum einen die naturorientierte CD-ROM „Les quatre saisons" (1997) aus der französischen Reihe „Nature & Découverte", zum anderen „The Four Seasons" (1995) aus der US-amerikanischen Reihe „Digital CD+ROM". In der letztgenannten Serie werden jeweils ausgewählte Stücke einzelner Komponisten multimedial dargeboten. Im Hinblick auf unser Thema sind es Antonio Vivaldis *Vier Jahreszeiten.*

Abb. 4: Rekonstruktion der Vorderseite des Stadttores aus Joos de Mompers Winterbild (Marco von Müller)

Aufgrund des HTML-Formats und einer parallelen WWW-Version können die CD-ROM-Inhalte jederzeit selbständig in einen erweiterten globalen Rahmen gesetzt und auf dem neuesten Stand gehalten werden. Zudem wurden dem Inhalt gänzlich neue Kapitel aus weiteren Disziplinen hinzugefügt. Sie möchten zeigen, was auch mit bescheidenen Mitteln bei inspiriertem Einsatz und Enthusiasmus möglich ist und wo an Grenzen gestoßen wird – zur Anregung für andere, in Schulen, an Universitäten, im museumspädagogischen Dienst. War bei der Einbeziehung zusätzlicher CD-ROMs nicht etwa auffallend, daß sich so gut wie keine deutschen Produkte darunter befanden? Erst wenn es auch hierzulande eine breite Akzeptanz für neue Medientechnologie gibt, wenn genügend gute – wenn möglich webbetreute – CD-ROMs vorliegen, wird sich hieran etwas ändern, und werden wir den Vorsprung der anderen möglicherweise einholen. Dieses Produkt möchte einen Beitrag dazu leisten.

Abb. 5: Vergrößerung aus dem Wintergemälde Joos de Mompers (s. S. 26): Schüler und Lehrer gehen durch die verschneite Landschaft vor dem Tor der Stadt. Viele sozio- und kulturhistorische Anmerkungen sind hierzu auf der CD-ROM zu finden.

Literatur

Ertz, Klaus: Joos de Momper der Jüngere (1564–1635). Die Gemälde mit kritischem Œuvrekatalog. Freren 1986. – Der Kapitelteil Der Braunschweiger Jahreszeitenzyklus ist online aufrufbar.

Steland, Anne Charlotte: Die vier Jahreszeiten. Zu einer Bilderfolge von Joos de Momper. Herzog Anton Ulrich-Museum Braunschweig. Informationen zur Kunst. Braunschweig 1986 (mit handschriftlichen Ergänzungen 1997).

Arbeitsstelle Achtzehntes Jahrhundert, Gesamthochschule Wuppertal (Hrsg.): Die Vier Jahreszeiten im 18. Jahrhundert. Colloquium der Arbeitsstelle 18. Jahrhundert, Schloss Langenburg vom 3. bis 5. Oktober 1983. Heidelberg: Carl Winter Universitätsverlag 1986. Darin u. a.:

Feder, Georg: Die Jahreszeiten in der Vertonung von Joseph Haydn (S. 96–107).

Brusatti, Otto: Meteorologie und Transzendenz – Jahreszeiten-Musik (S. 189–198).

Gerzi, Teréz: Joos de Momper und die Bruegel-Tradition. In: Netherlandish Manierism. Papers given at a Symposium in the Nationalmuseum, Stockholm, September 21–22, 1984. Nationalmusei Skriftserie, N. S. 4, Stockholm 1985, 155–164.

Gerzi, Teréz: Joos de Momper als Zeichner. Teil 1. In: Jahrbuch der Berliner Museen, Band 35, 1993, 175–190.

Gerzi, Teréz: Contributions to Joos de Momper's Early Draftmanship. In: Shop Talk. Studies in Honour of Seymour Slive. Cambridge, Mass. Harvard University Art Museum 1995, 84–86.

Les Quatre Saisons. Paris: Paroles d'Images CD ROM Productions 1997.

Vivaldi: The Four Seasons. LaserLight Digital [Multimedia] CD+ROM. Santa Monica, CA: Delta Music Inc. 1995.

Zeman, Herbert (Hrsg.): Die Jahreszeiten in Dichtung, Musik und bildender Kunst. Ein Kunstbrevier für Liebhaber. Graz: Styria 1989. Darin: Knapp, Fritz Peter: Ver et Amor – Mittelalterliches Lebensgefühl im jahreszeitlichen Wechsel (S. 83–90).

Bauer, Werner M.: Jahreszeit – Weltzeit: Die vier Jahreszeiten in der Literatur von Renaissance und Humanismus (S. 91–101).

Dr. Arthur E. Imhof ist Professor für Geschichte an der Freien Universität Berlin mit besonderem Schwerpunkt Verfassungs- und Sozialgeschichte der frühen Neuzeit.
E-mail: A.Imhof@mail.zedat.fu-berlin.de

2.3 Wetterkarten als kommunikative Formate
Hans J. Wulff

In Anlehnung an eine These der amerikanischen Theoretiker David L. Altheide und Robert P. Snow lassen sich Medien als *Formate* für Kommunikationsverhältnisse verstehen. Eine Information, die im Fernsehen verbreitet werden soll, wird zu diesem Zweck „formatiert" und zieht so gewisse Eigenheiten der Sprecher-Adressat-Beziehung auf sich, die spezifisch für das Fernsehen sind. Medienformate haben vor allem etwas zu tun mit der Art und Weise, wie man Wirklichkeit sieht. Gerade Wetterberichterstattung scheint nun aber auf den ersten Blick gegenüber solchen „Formatierungen" neutral zu sein, sich auf einen Kern reiner Information zu beschränken.

Abb. 1: „Akteure sind Hochs und Tiefs": Auf diesem Satellitenbild vom 6.9.1998, 23.30 UTC (s. Daumenkino) kennzeichnet wenig Bewölkung ein Hoch über Osteuropa, eine Wolkenspirale über Westeuropa ein Tief

Ich will im folgenden zunächst zeigen, daß die Wetterprozesse in einer Beschreibungssprache präsentiert werden, die auf *narrative Kategorien* zurückgreift, insbesondere auf die Kategorie des *Akteurs*. Zum zweiten will ich zeigen, daß die Wetterdarstellung im Wetterbericht unter der Primärfunktion der *Information* steht und wesentlich durch den *kommunikativen Akteur* authentifiziert wird.

1. Akteure des Wetters

Die These ist, daß zu Zwecken der Mitteilung aus den Daten der Wetterprozesse eine Textform erzeugt wird, die sich ganz anderer Wissens- und Seinsbereiche bedient – das Wetter wird mit der Sphäre des Handelns, der dramatischen Konstellation usw. zusammengebracht. Wie sieht das aus? Aus der Veränderung von Isobaren, aus Windrichtungen und -stärken, aus Temperaturdifferenzen usw. wird eine *dramatische* Struktur gewonnen, in der Akteure mit- und gegeneinander handeln. Akteure sind die „Hochs" und „Tiefs", die in der Meteorologie sogar mit männlichen oder weiblichen Namen getauft werden, die manchmal auch im Wetterbericht genannt werden. Die *meteorologischen Akteure* interagieren unter Umständen intensiv miteinander, sie bekämpfen und verdrängen sich, sie verfolgen einander etc.. Manchmal entwickeln Akteure strategische Nebenakteure, die oft „Zwischenhochs" oder „-tiefs" genannt werden, mit denen sie Unruhe stiften und die Weltordnung des Wetters durcheinander bringen.

Es ist nun ganz wesentlich, daß eine narrative Analyse das Geschehen mit Blick auf die *Akteure,* die *Handlungs-* und die *Zeitstruktur* darzustellen versuchen muß. Die *Akteure* werden schon im Vorfeld der Wetterkarte in der meteorologischen Analyse aus statistischem Material synthetisiert. Im Aufbau der klassischen Wetterkarte sind sie absolut primär, sie gliedern das Handlungsgeschehen, zwischen ihnen ist der dramatische Raum, in dem „Wetter" zustande kommt, aufgespannt. Den Akteuren kommt eine besondere Struktur zu: Es handelt sich um *Flächenakteure,* die ein Zentrum und mehrere Peripherien haben, in denen ihre Identität jeweils abnimmt. Je höher die Anzahl der Peripherien ist, desto „mächtiger" erscheint ein Akteur. Manchmal verbünden sich Akteure, bilden Verbände von Gleichgesinnten, nach dem Muster zweiseitiger Abkommen: Und in der Folge ist die Weltwetterlage dann oft über Wochen stabil. Damit soll gesagt sein, daß mit dem Prinzip des flächigen Akteurs der politischen Metapher das Tor geöffnet wird.

Überhaupt scheinen politische und militärische Bewegungen von Flächenakteuren einen Modellbereich zu erfassen, auf den sich immer wieder Wetterdarstellungen beziehen konnten: Nicht nur reden wir bis heute von „Wetterfronten", auch die graphische Darstellung militärischer Operationen verfährt mit ähnlichen Mitteln wie die des Wetters. Eine Geschichte der visuellen Darstellung müßte die Wetterkarte in eine Traditionslinie mit strategischen Karten und Kriegsberichterstattung bringen, nach deren Vorbild wohl norwegische Meteorologen im Ersten Weltkrieg die bis heute üblichen Wetterkarten ersonnen haben. Dies aber nur am Rande.

Das *Akteursprinzip* ist auf allen Stufen der Produktion von Wetterberichten zentral und beherrschend. Sogar in der Bearbeitung der Satellitenphotographien wird auf die Charakterisierung der Akteure geachtet – helle Wolken werden als weniger bedrohlich empfunden, so daß ein dominantes, Regen und Sturm bringendes Tief besser durch dunkle Wolken dargestellt wird, sie „symbolisieren mehr Wetterwirksamkeit und Regenneigung" (Göpfert 1991, 131).

Die *Dramatisierung* wird aber nicht nur durch die Dynamik der Bewegung der Flächenakteure und durch ihr Aussehen, sondern vor allem in der *Versprachlichung* geleistet: Sprachlich werden aus nachbarschaftlichen Ausgleichsbewegungen „Verdrängungen", wird aus einer Bewegung ein intentionsfähiges „schiebt sich" oder gar „schiebt sich zwischen".

2. Informieren

Doch nicht nur die innere Struktur der Wetterkarte und die Art und Weise, wie meteorologische Daten dargestellt werden, sollte uns hier interessieren, sondern auch die Frage, mit welchen *kommunikativen* Vorzeichen das Wetter präsentiert wird. Zum einen scheint mir zentral zu sein, daß die *Informationsfunktion* den dominierenden Mitteilungsrahmen der Wetterkarte bildet und daß die Wetterankündigung selbst typologisch zu den „Nachrichten" gehört(e); und zum anderen scheint mir die Tatsache, daß die Präsentation des Wetterberichts *personalisiert* wird, eine wichtige kommunikative Charakteristik darzustellen.

Die Wetteransage ist unter die *Informationsfunktion* rubriziert, von gleichem Rang wie die politischen Nachrichten. So, wie von einem gebildeten Zuschauer erwartet werden kann, daß er sich über die politischen Geschehnisse in der Welt informieren will (oder sich zu informieren hat), kann (und soll) er sich an gleicher Stelle auch über das kommende Wetter informieren. Es ist irrelevant, ob die Neugier des Zuschauers in der umgekehrten Rangfolge gewichtet ist – man könnte ja argumentieren, daß den Zuschauer die politischen Dinge eigentlich gar nicht interessieren, das Wetter aber sehr wohl, und daß man ihn dadurch zum Nachrichtengucken bewegte, daß man ihn mit der Wetterkarte übertölpelte. Wichtiger scheint mir zu sein, daß die Wetterentwicklung in eine Reihe gestellt ist mit den anderen Nachrichten. Die Wetterkarte ist als ritueller Schlußteil sogar ein *festes Segment der Nachrichtensendungen.*

Es hat in Deutschland kein *eigenständiges Genre* „Wetterkarte" gegeben, sie ist immer Teil der Nachrichten geblieben. Anders ist die Geschichte des *weathercasting* in den Vereinigten Staaten verlaufen, in denen das Wetter zwar auch in unmittelbarer Nachbarschaft der Nachrichten lokalisiert war und in der es sogar als eine Grundübung für jeden *newscaster* galt, auch *weather stories* zu schreiben (dazu Henson 1990, 6), in denen aber schon früh die politischen *news,* das *sports reporting* und das *weathercasting* durch Werbeblöcke voneinander getrennt wurden (Henson 1990, 11), so daß die einzelnen Blöcke relative Eigenständigkeit hatten (und bis heute behalten haben).

In Deutschland ist auch im *Präsentationsmodus* die Informationsfunktion bis vor kurzer Zeit primär geblieben. Die Darbietung ist sachlich, ganz auf den Gegenstand, der exponiert wird, konzentriert. Eine „Wetter-Show" entwickelte sich in Deutschland erst in den letzten Jahren, ich erinnere nur an Kachelmanns

Wetter-Geplauder vor der TAGESSCHAU. Das Wetter emanzipierte sich vom Diktat der Nachricht. In den Vereinigten Staaten war die Entwicklung wiederum anders, eher umgekehrt – am Beginn des Fernsehwetters standen *silly acts,* und die Entwicklung führte zu seriösen Formen der Wettervorhersage. Die Verselbständigung des Wetters geht bis zur Gründung eigener Wetterkanäle – auch wenn der deutsche Wetterkanal nach kurzer Zeit wieder geschlossen werden mußte. Zu den Show-Elementen zählen clowneske und kabarettistisch anmutende Einlagen, der Einsatz von Puppen und Cartoons (Henson 1990, 35ff) etc..

Die große Vielfalt der Präsentationsformen ist auf die schwierige Aufgabe zurückzuführen, der Wettervorhersage überhaupt ein visuelles Format zuzuordnen. Die eigentliche Meldung ist die Prognose, auf sie ist das Interesse gerichtet. Im Radio – das Fernseh-Wetter ist eine Kopie bzw. steht in der Tradition des Radio-Wetters – ist die Wettervorhersage ebenso schlicht wie effektiv. Die Visualisierung, die das Fernseh-Format nötig macht, geht über die Kern-Prognose weit hinaus – und es ist nicht verwunderlich, daß in der Frühzeit des Fernseh-Wetters auch Genre-Formate erprobt wurden, die einen spektakulären oder gar karnevalesken Rahmen mit der Wettervorhersage kombinierten. Für die typologische Eingliederung des Wetterberichts sind diese Formen insofern äußerst wichtig, als sich an ihnen ablesen läßt, daß die Informationsfunktion, die bei uns heute die Wetterberichterstattung dominiert, ihr nicht natürlicherweise zukommt.

Ein anderes kommunikatives Kennzeichen der Wetterkarte ist die Tatsache, daß sie von Beginn an von *Experten* präsentiert worden ist. Mit manchmal rührender Naivität der Medienbedingung gegenüber arbeiteten sich um einfache Sprache bemühte Meteorologen vor den Karten ab. Gerade in der Differenz zur „eloquenten" Darbietung stach die Wetteransage als ein kommunikatives Einsprengsel gegen die professionalisiert dargebotenen Nachrichten, Ansagen und ähnliches ab, die in ihrem Umfeld lagen.

Die implizite *Personalisierung* des Wetters, die sich im deutschen Fernsehen vor allem mit dem Expertentum der Sprecher verbunden hat, erhält sich auch im amerikanischen Fernsehen, in dem schon sehr früh besondere *weathercaster* aufgetreten sind. Der „Wetterfrosch" bleibt eine Person von besonderer Qualität, eine Person, die Aufmerksamkeit auf sich zieht, ein „trusted yet sometimes scorned symbol" (Henson, 1990, 1). Auch in empirischen Arbeiten ist im übrigen die These diskutiert worden, daß die Persönlichkeit des *weathercasters* die Ursache dafür sei, daß das Fernsehwetter so viele Sympathien auf sich zöge (Bogart 1968; Hyatt/Ryley/Sederstrom 1978, Wagenaar, 1985) – immerhin ist Fernsehen das meistgenutzte Medium, in dem Wetterinformationen aufgesucht werden (Tan 1976)!

Allerdings ist das ganze Spektrum der möglichen Unabhängigkeit des Wetterblocks in den verschiedenen Formaten von Nachrichtensendungen nachweisbar: In Nachrichtentelegrammen und anderen Expressformen spricht der Nachrichtensprecher auch das Wetter als eine Nachricht unter anderen. Neutrale Darstellungsweisen, die ausschließlich an Karten- und Zahlenmaterial mittels *voice over* die Wetterinformation zum Ausdruck bringen, sind einigen Standardnachrichtenformaten wie der TAGESSCHAU vorbehalten. Die „Große Wetterkarte" wird aber bis heute überdurchschnittlich oft von einem besonderen Sprecher präsentiert, der dazu häufig professioneller Meteorologe ist.

Alles dieses sind aber konventionelle Regulierungen der Wetterdarstellung. Visarius (1993) versucht dagegen, das Wetter im Frühstücksfernsehen unter dem Stichwort *Comic Relief* zu behandeln. Die Wettervorhersage ist dann eine Spannungs-

Abb. 2: *Zweites Deutsches Fernsehen: Der meteorologische Experte D. Walch vor der Temperatur-Satelliten-Karte*

lösung nach dramatischen Höhepunkten durch einen Gag. Sie ist eine komische, durch eine Nebenfigur in Gang gebrachte Nebenhandlung. Er schreibt:

> Nach der Gewichtigkeit der Nachrichten mit ihren entrückten Heroen der Politik und des Sports folgt mit dem Wetter das hautnahe, belanglose und doch unerschöpfliche Jedermanns-Thema. ‚So früh und schon Wetter, extra für Sie': So gibt das Wetter Tag für Tag jedem seine Privatvorstellung (1993, 141).

Der Bezug zum Comic relief beruht auf mehreren verschiedenen Annahmen: Zum einen betrifft er einen Wechsel der Gattungen, der gesellschaftlichen Bedeutsamkeit von Themen, von

Rhythmen. Zum anderen bezieht er sich auf den Kontrast der Präsentationsmodi (und nicht auf ihre Homogenität wie im Falle der Abendnachrichten), in denen nach dem Primat der „seriösen Information" mit dem Wetter eine tendenziell komikfähige Gattung auftritt.

Es ist die Variierbarkeit der Präsentationsformen, die man als Argument für die Eigenständigkeit der Wetterkarten nehmen darf. Die Wetterkarte ist in allen diesen Formen ein *Teiltext,* der sich gegen den Kontext der Nachrichtensendung absetzt – aufgrund seiner Andersartigkeit oder aufgrund der besonderen Bedeutung dessen, wovon er handelt.

3. Erlebnis

In Untersuchungen zum Verstehen von Nachrichtensendungen ist immer wieder belegt worden, daß ein normaler Fernsehzuschauer fast alles vergißt, was er gerade gesehen hat – bis auf die Wettervorhersage. Außerdem ist das Wetter dasjenige Nachrichtenthema, das von Zuschauern am bewußtesten „gesucht" wird. Es kann nicht allein die Tatsache sein, daß das Wetter etwas mit den *Handlungsplanungen* der Rezipienten zu tun hat, die diesen Befund begründen können. Es hat offenbar auch etwas zu tun mit einer Kommunikations- und *Zuwendungsabsicht:* Am Ende der Nachrichten wird die Aufmerksamkeit noch einmal ganz auf das Medium gerichtet, als wolle man sich noch einmal der guten Absicht, sich zu informieren, selbst versichern. Ritual ist aber auch dies, die Vergessensquote bleibt hoch. Daß das Wetter sich nicht so schnell und drastisch ändert, gereicht dem Rezipienten zum Vorteil, vielleicht ist die Zuwendung zum Wetterbericht wesentlich eine Wissensabfrage, eine Kontrolle, ob *wesentliche* Wetteränderungen bevorstehen. (Becker-Flügel, 1991, 124)

Es geht mir hier um einen doppelten Aspekt: Zum einen frage ich nach den Motiven, die Zuschauer dazu treiben, die Wettervorhersage sehen zu wollen. Die These: Das Wetter von morgen hängt eng mit den Tätigkeiten zusammen, die ein Zuschauer in der näheren Zukunft vollziehen will oder muß. Zum anderen frage ich danach, in welcher Art der Zusammenhang von Wetter und Betroffenheit der Zuschauer in den Wetterkarten repräsentiert ist. Es geht mir also um die *alltagspraktischen Aspekte* des Wetters, auf die die Vorhersage Bezug nimmt. Es ist deutlich, daß man, wenn man nach derartigen Verwebungen von Wetter und dem Handeln von Zuschauern fragt, das meteorologische Feld verläßt. Das kommunikative Gegenüber von Wettervorhersager und Adressat tritt dagegen ganz in den Vordergrund. Und dabei zeigt es sich bei näherem Hinsehen – auch wenn die Vorhersagegenauigkeit in den letzten Jahrzehnten erheblich besser geworden ist –, daß man es mit einem Vertrauensverhältnis zu tun hat, daß man „glauben" muß, was die Stimme oder die Person auf dem Bildschirm voraussagt/prophezeit.

Eine Seitenbemerkung zur empirischen Forschung ist nötig: Es ist mehrfach festgestellt worden, daß Zuschauer nur wenige detaillierte Wetterinformationen rekapitulieren können, wenn man sie nach der Sendung befragt. Sie erinnern sich zwar an mehr Informationen als aus dem Nachrichtenblock, aber immer noch an einen nur geringen Prozentsatz der dargebotenen Aussagen. Das Verfahren, das in derartigen Untersuchungen angewendet wird, korreliert die dargebotene Information mit dem, was Zuschauer am Ende noch wissen. Der methodische Fehler, der sich hier einschleicht, ist subtil und hängt von den Interessen ab, die Zuschauer der Wetterprognose gegenüber haben. Es geht nämlich gar nicht darum, genaue Wetterbeschreibungen zu lernen bzw. beizubringen: Für den Zuschauer wichtig ist die *effektive Prognose,* um sie geht es, nur darauf ist Interesse und Aufmerksamkeit gerichtet; der

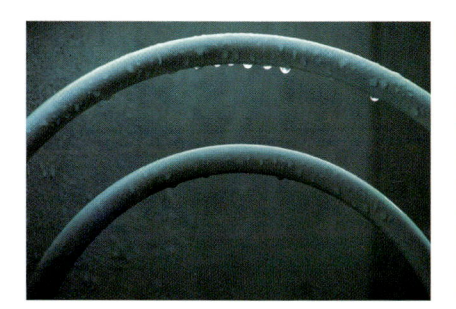

Abb. 3: *„Der Zuschauer muß am Ende wissen, ob es morgen regnet..."*

Abb. 4: *„..., ob mit Nebel zu rechnen ist" (Foto: Franz Ossing)*

Zuschauer muß am Ende wissen, ob es morgen regnet, ob mit Nebel zu rechnen ist oder ob es frieren wird – dies sind *handlungsrelevante Aussagen.*

Durch welche meteorologischen Groß-Akteure eine Wetterveränderung verursacht wird, ist für das Informationsbedürfnis des Zuschauers ganz irrelevant. Die Ausführungen des Meteorologen haben darum auch einen anderen Stellenwert – sie untermauern und stützen die Prognose, sie sichern Glaubwürdigkeit ab, sie unterstreichen, daß es Experten sind, die den Zuschauer hier informieren. Paradoxerweise gehört eine gewisse Unverständlichkeit zu dieser kommunikativen Orientierung des Wetterberichts dazu (so daß die Forderung nach höchster Verständlichkeit zumindest mit Skepsis betrachtet werden sollte). Auch solche Überlegungen, nach denen Zuschauer meteorologische Konzepte wie „Luftdruck" oder „Hoch/Tief" erklären können sollten, scheinen dann viel zu sehr ein Expertenwissen auf Seiten der Zuschauer zu fordern, wo gerade die Differenz von Experten- und Laienwissen die Glaubwürdigkeit des Wetterberichts erhöht!

Wetterprognosen verweisen auf die Aktivitäten der Zuschauer, sie werden interpretiert, verstanden mit Blick auf die Tätigkeiten von jeweiligen Zuschauern. Einige typische Handlungsweisen sind in den Wetternachrichten selbst genannt. Abgesehen von spezifischen Adressaten, die professionellerweise auf Wetterinformationen angewiesen sind (Bauern, Fernfahrer, Gärtner etc.), sind es fast ausschließlich *Freizeitaktivitäten,* um die es hier geht. Dem Wetter ausgesetzt zu sein, ist für den Industrieländler eine *urlaubstypische* Erfahrung und bildet einen scharfen Kontrast zum Alltag während der Arbeitswochen – „der Tourismus wird ja in nicht geringem Maße gerade organisiert, damit die Urlaubskäufer sich dem Wetter aussetzen" (Fischer 1981, 21).

Weil das Wetter als ein Indikator genommen werden kann für die Räume von Freiheit und Freizügigkeit, die gegen die Zwänge und Notwendigkeiten der Arbeitssphäre stehen, könnte man auch die Wetterkarte mit Blick auf die kulturellen Bedeutungen zu lesen versuchen, die sie hintergründig anspielt. Bei genauerem Hinsehen

Abb. 5: „*...der Tourismus wird ja in nicht geringem Maß gerade organisiert, damit die Urlaubskäufer sich dem Wetter aussetzen." (Foto: Franz Ossing)*

erweist sich diese These allerdings als nur bedingt haltbar: Weil alle Bereiche gesellschaftlicher Praxis, die Freizeit genauso wie das Arbeitsleben, durch reales Wetter betroffen sein können, können auch alle diese Bereiche im Fernsehwetterbericht repräsentiert oder angespielt sein. Möglicherweise ist es eine ganz andere Bedeutungsbewegung, die man hier beobachten kann – daß schlechtes Wetter oder gar eine Katastrophe als *kollektive* Tatsachen präsentiert, schönes oder normales Wetter dagegen als *privatisierte* Gegenstände und Handlungsanlässe interpretiert werden.

Der Blick sollte dabei nicht beschränkt sein auf die pure Wetterkarte, sondern den textuellen Nahbereich mitberücksichtigen. *Thematisierung von Wetter* findet nämlich durchaus auch in den Nachrichten – meist in unmittelbarer Umgebung der Wetterkarte – statt, insbesondere dann, wenn etwas Ungewöhnliches zu berichten ist: Es ist besonders warm oder kalt gewesen, oder es hat Kälteeinbrüche und große Verkehrsprobleme gegeben; der Winter hat begonnen, der erste Schnee ist gefallen ... Auch hier findet via Themenbericht eine Indikation der Bedeutung des Wetters für Berufs- und Freizeittätigkeiten statt (Freizeit in der Badeanstalt, Chaos auf den Autobahnen, Hagelkatastrophe gefährdet die Haferernte usw.).

Eine ganze Reihe ideologischer Bewegungen wirken so auch in die Wetter-Nachrichten hinein. Andrew Ross unternimmt den Versuch, das Wetter als ein Mittel aufzufassen, das dazu diene, die soziale, differenzierte und divergente Wirklichkeit zu vereinheitlichen (1987–88, 123). Auch die Wetterberichte lassen sich auf einen derartigen Rahmen hin beziehen, wie Mohr schreibt:

> One can easily argue that the weather program is only another rural ritual, whose aim is to establish the tribe's relations with his natural environment (Mohr 1971, 629).

Ob nun aus einem veränderten Verhältnis des Menschen zu seiner Umwelt (als Stichwort: *homo oecologicus)* folgert, daß dieses Verhältnis auch im Fernsehwetter in anderer Form repräsentiert werden wird, daß aus dem *weather man* der *environment man* wird, bleibt dahingestellt. Mohrs Fall eines *weathercasters,* der im Gras liegt und in die Kamera spricht: „It's raining in northwest Iowa and it's beautiful" (1971, 634), bleibt wohl noch bis auf weiteres eine poetische Vision.

Literatur

Altheide, David L./Snow, Robert P. (1979): Media logic. Beverly Hills, Cal./London: Sage Publications 1979, 256 pp. (Sage Library of Social Research. 89.).

Becker-Flügel, N. (1991): Einiges zur Theorie der Informationsverarbeitung beim Menschen und ein kleines Gedächtnisexperiment. In: Wehry 1991, pp. 121–125.

Bogart, Leo (1968): Changing news interests and the news media. In: Public Opinion Quarterly 32, 1968, pp. 560–574.

Brinker, Klaus (1992): Linguistische Textanalyse. Eine Einführung in Begriffe und Methoden. 3., durchges. u. erw. Aufl. Berlin: Erich Schmidt 1992, 163 pp. (Grundlagen der Germanistik. 29.).

Fischer, Ludwig (1981): Alle Wetter. Begegnungen mit einem Gesprächssammler. In: Kursbuch, 64, 1981, pp. 13–23.

Gantz, Walter/Fitzmaurice, Michael/Fink, Ed (1991): Assessing the active component of information seeking. In: Journalism Quarterly 68, 4, 1991, pp. 630–637.

Göpfert, Winfried (1991): Wetterinformation als Übersetzungsarbeit. In: Wehry 1991, pp. 127–142.

Henson, Robert (1990): Television weathercasting: A history. Jefferson, NC/London: McFarland 1990, xii, 193 pp.

Hyatt, David/Riley, Kathy/Sederstrom, Noel (1978): Recall of television weather reports. In: Journalism Quarterly 55, 1978, pp. 306–310.

Michel, Karl Markus (1981): Hab Sonne im Herzen. Über ein theoretisches Defizit. In: Kursbuch, 64, 1981, pp. 25–37.

Mohr, Howard (1971): TV weather programs. In: Journal of Popular Culture 4, 1971, pp. 628–633.

Ross, Andrew (1987–88): The work of nature in the age of electronic emission. In: Social Text 18, Winter 1987–88, pp. 116–128.

Tan, Alan K.O. (1976): Public media use and preference for obtaining weather information. In: Journalism Quarterly 53, 1976, pp. 694-699.

Visarius, Karsten (1993): Das Ende der Schonzeit oder: Hat das Medienzeitalter mit dem Frühstücksfernsehen seine Normalität erreicht? In: Fernsehen verstehen. Hrsg. v. Stephan Abarbanell, Claudia Cippitelli u. Dietrich Neuhaus. Frankfurt: Haag & Herchen 1993, 125–153 (Arnoldshainer Texte. 76.).

Wagenaar, W. A. (1978): Recalling messages broadcast to the general public. In: Practical aspects of memory. Ed. by M[ichael] M. Gruneberg, P. E. Morris u. R. N. Sykes. London/New York/San Francisco: Academic Press 1978, pp. 128–136.

Wagenaar, W. A. et alii (1985): Do TV pictures help people to remember the weather forecast? In: Ergonomics 28, 1985, pp. 765–772.

Wehry, Werner (1991) (Hrsg.): Wetterinformation für jedermann – aber wie? Unter Mitarb. v. Norbert Becker-Flügel. Berlin: Deutsche Meteorologische Gesellschaft e.V., 150 pp.

Dr. Hans J. Wulff ist Professor für Medienwissenschaft an der Universität Kiel. Nach dem Studium leistete er acht Jahre kommunale Kinoarbeit, war dann zwölf Jahre als Filmwissenschaftler an der FU Berlin. Promotion an der Universität Münster über „Psychiatrie im Film".
E-mail: hwulff@rz.Uni-Osnabrueck.de

2.4 Wetter- und Klimametaphern
Dagmar Schmauks

1. Einleitung

Die Analyse von Wetter- und Klimametaphern steht im Schnittbereich von Linguistik, Literaturwissenschaft und Meteorologie. Metaphern sind anschauliche sprachliche Ausdrücke, die einen wenig bekannten oder schwer wahrnehmbaren Gegenstandsbereich in Analogie zu einem bekannten Bereich zu verstehen suchen. Daher vermag ihre linguistische Analyse zu erhellen, wie Menschen einen Sachbereich kognitiv konstruieren (vgl. etwa Lakoff 1987). Die Häufigkeit wetterbezogener Metaphern beruht darauf, daß Wetter für Lebewesen auf der Erde ein ständig erfahrbarer Aspekt von

Abb. 1: „Drohendes Wetter" wie dieses aufziehende Gewitter spricht für sich (Foto: S. Kämpfe)

Natur ist, der selbst in der Stadt zahlreiche Handlungen stark beeinflußt. Während der Ausdruck „Wetter" das kurzfristige Geschehen in der Atmosphäre bezeichnet, werden mit „Klima" längerfristige Zustände benannt. Dementsprechend untersucht Abschnitt 2 Wettermetaphern und Abschnitt 3 Klimametaphern (zum Zweck der Hervorhebung und Abgrenzung stehen die Metaphern auch dann in Anführungszeichen, wenn sie objektsprachlich gebraucht werden).

2. Wettermetaphern

Allgemeine Wettermetaphern beziehen sich auf bereichsübergreifende Faktoren wie Licht und Wärme (2.1), spezielle gehen von bestimmten Wetterfaktoren wie Wind oder Regen aus (2.2). Ausgeklammert werden Redewendungen, die für eine linguistische Analyse zu wenig ergiebig sind. Hierzu zählen Ausdrücke, die

a) ein einzelnes Merkmal von Wetterelementen punktuell übertragen, etwa ihre Farbe („Schneehase", „Nebelkrähe") oder Gestalt („Geldregen", „Duftwolke"),
b) Wetterereignisse scherzhaft als Handlungen übernatürlicher Personen deuten wie in „Petrus kegelt" (Donner) oder „Frau Holle schüttelt die Betten aus" (Schnee) oder
c) Wetterereignisse in Analogie zu alltäglichen Erfahrungen beschreiben (es „regnet Bindfäden", „schüttet wie aus Eimern", „ist eine richtige Waschküche").

2.1 Allgemeine Wettermetaphern

Zwei sehr allgemeine Metaphern betreffen die Gegensatzpaare „hell vs. dunkel" und „warm vs. kalt". Sie sind durch die Tatsache motiviert, daß Menschen als warmblütige Lebewesen, die sich visuell orientieren, auf Helligkeit und eine mittlere Temperatur angewiesen sind.

Daß wir Gemütszustände durch „hell vs. dunkel" bezeichnen, hat physiologische Gründe, denn längerfristiger Lichtmangel kann sogar Depressionen auslösen (zuviel Licht ist allerdings auch schädlich – der Ausdruck „grell" hat den Beigeschmack des Schmerzhaften). Dieser Zusammenhang zwischen Sonnenschein und Glück erlaubt Redensarten wie „keine Wolke trübt ihr Glück" und „er (sie) ist unser Sonnenschein". „Hell" bezeichnet immer einen positiven Zustand, was sich in Ausdrücken wie „helle Freude", „sonniges Gemüt" und „eitel Freude und Sonnenschein" zeigt. Sehr charakteristisch ist „heiter", das eine meteorologische und eine emotionale Lesart hat. Der Gegenpol „dunkel" wird ausgedrückt in Wendungen wie „trübsinnig", „verdüstertes Gemüt" und dem Extrem „schwarzsehen". Physikalisch bedingt sind Wendungen, die den Verstand mit dem einer Lichtquelle vergleichen: Jemand ist „ein heller Kopf", hat „Geistesblitze" oder arbeitet „im Lichte einer Idee". Weitere Beispiele entstammen der Verwandtschaft von „Aufklaren" und „Aufklärung".

Weil wir uns nur in einem schmalen Temperaturbereich wohlfühlen, charakterisieren die Mythen vieler Kulturen die Orte ewiger Verdammnis durch extreme Temperaturwerte, wobei etwa die buddhistische Eschatologie außer der heißen Hölle auch eine eisige kennt. Abb. 2 belegt jedoch, daß wir die Temperatur unserer Umwelt nicht ganzheitlich wahrnehmen, sondern jedem Objekt einzeln eine optimale Temperatur zuschreiben.

Ausgehend von diesem Zusammenhang zwischen Temperatur und Wohlbehagen kodiert die zweite allgemeine Metapher Charaktermerkmale und Antriebe von Menschen durch „warm vs. kalt", wobei oft das Blut als Trägersubstanz angesehen wird („heiß- vs. kaltblütig"). Im Unterschied zur ersten Metapher ist hier die Skala feiner

Abb. 2: *Über die Temperaturunterschiede der Hölle (aus Larson 1994: 72)*

"Oh, man! The coffee's *cold*! They thought of *everything*!"

gegliedert, sie berücksichtigt auch Extreme („heiß", „eisig") und Zwischenstufen („kühl", „lau"). Die positive Bedeutung von „warm" umfaßt „lebendig", „gefühlsbetont" und „Wohlbehagen"; „heiß" als Übermaß an Wärme hingegen kann als „(zu) emotional" oder „affektverhaftet" empfunden werden. Ähnlich hat „kalt" die neutrale Bedeutung „rational", aber auch negative Bedeutungen wie „berechnend" und „gefühllos". Wen etwas „kaltläßt", der bleibt innerlich unbeteiligt. Besonders interessant sind die dynamischen Übergänge zwischen Zuständen: Menschen können in der Gegenwart anderer „erstarren", aber auch „auftauen". Im folgenden werden einige repräsentative Beispiele aufgelistet.

heiß
heißblütig, hitzköpfig, Heißsporn, jdm. die Hölle heiß machen, heißer Wunsch, ein heißes Eisen anfassen, heißgeliebt, heißumstritten, glühende Blicke, Liebesglut,…

warm
warmherzig, warme Worte des Dankes, mit jdm. warmwerden, jdn. warm empfehlen, sich jdn. warmhalten (= sich seine Gunst erhalten), in jds. Gegenwart auftauen,…

lau
laue Gesinnung, weder kalt noch warm sein,…

kühl
einen kühlen Kopf bewahren, eine abgekühlte Beziehung, ...

kalt
jdn. kaltmachen, jdn. kaltstellen (= einflußlos machen), kaltlassen, kalter Krieg, kaltschnäuzig, kaltblütig, kaltherzig, kaltlächelnd, kaltes Grausen, ...

eiskalt bzw. frostig
frostige Atmosphäre, eiskalter Gegner, in jds. Gegenwart erstarren, frigid, ...

Weil die Verbindung von Wärme und hoher Luftfeuchtigkeit als physiologisch belastend empfunden wird, bezeichnet „schwüle Atmosphäre" eher Negatives, nämlich vor allem das Erotisch-Aufgereizte im Sinne einer ungesunden Überhitzung, die sich in tropischer Ferne von den „gemäßigten Zonen" befindet (die etymologisch mit der Tugend der Mäßigkeit verknüpft sind). Ein literarisches Beispiel findet sich in Eichendorffs Erzählung „Das Marmorbild": Immer wenn der junge Florio durch die Verführungskünste der auferstandenen Venus bedroht wird, brütet über der Landschaft reglose Schwüle wie vor einem Gewitter – hingegen herrscht nach Florios Rettung durch den erneuten Tod der heidnischen Liebesgöttin in seinem Gemüt wieder die „stillklare Heiterkeit" der Gotteskindschaft. Ein zweites Beispiel ist die Palmenhausszene in Theodor Fontanes Roman „L'Adultera", in der die Liebenden nach einer Phase der Verleugnung ihrer Gefühle zueinander finden.

In vielen Metaphern wird die Stimmung zwischen Menschen explizit als soziales Wetter aufgefaßt (umgekehrt personifizieren wir die beteiligten Naturobjekte und schreiben ihnen eine Stimmung zu: „Die Sonne lacht" und „der Himmel weint"). Man kann „um gutes Wetter bitten" oder „jemanden im Regen stehenlassen". Eine „gespannte Atmosphäre", bei der „dicke Luft" herrscht, entlädt sich oft in einem „Donnerwetter", das eine Klärung bewirken kann: „Ein Gewitter reinigt die Luft". Typisch für das Wetter in mittleren Breiten ist, daß es ständig und in wenig vorhersehbarer Weise wechselt. Wankelmütige Menschen nennen wir daher „wetterwendisch" und beklagen, daß sie „ihren Mantel nach dem Wind hängen". Auch mit „Wirbelwind" bezeichnen wir jemanden, dessen Handlungen uns sehr verwirrend sprunghaft erscheinen.

In literarischen Darstellungen lassen sich zwei gegenläufige Strategien feststellen, wie Wetter und menschliche Stimmung aufeinander bezogen sein können (weitere Beispiele in Schmauks 1996a: 50 ff; vgl. Delius 1971 und Kullmann 1995). Einen völligen Gleichklang von Außen und Innen beschreibt Goethes Gedicht „Wanderers Nachtlied":

Über allen Gipfeln ist Ruh,
in allen Wipfeln spürest Du
kaum einen Hauch.

Die Vögelein schweigen im Walde.
Warte nur, balde
ruhest Du auch.

Hier stellen die ersten vier Zeilen dar, wie die Ruhe der Natur mit allen Sinnen wahrgenommen wird, und die beiden letzten versprechen ein Einswerden mit ihr. Eine enge Beziehung zur Natur liegt jedoch auch im umgekehrten Fall des völligen Gegensatzes vor, denn nur von einer empfundenen Naturstimmung kann man sich abgrenzen. So stellt Heine in einem seiner Gedichte Liebesleid und Naturidylle in schärfsten Kontrast zueinander:

Mein Herz, mein Herz ist traurig,
Doch lustig leuchtet der Mai; [...]

2.2 Spezielle Wettermetaphern

Einzelne Wetterelemente dienen immer dann als Basis für Metaphern, wenn sie auffällige Eigenschaften haben – dies gilt ganz besonders für Wind, Bewölkung und die verschiedenen Formen des Niederschlags.

Windmetaphern greifen die vielfältigen Eigenschaften des Windes auf: Er ist unsichtbar, kraftvoll, schnell und verfrachtet Schwebstoffe. Wenn ein behälterähnliches Objekt nur Wind enthält, ist es für die unmittelbare Wahrnehmung leer; dies motiviert die Ausdrücke „Windei" und „Windbeutel". Wegen seiner Kraft ist Wind eine wichtige Antriebskraft: Wir können jemandem „den Wind aus den Segeln nehmen". Weil Wind die Fortbewegung erleichtern, behindern oder gar unmöglich machen kann, werden die Ausdrücke „Rücken-, Seiten- und Gegenwind" auch in ihren Übertragungen spontan verstanden. Vom eigenen Temperament hängt es ab, ob sich jemand „den Wind um die Nase wehen" läßt oder lieber im „Windschatten" verharrt. Die Schnelligkeit des Windes spiegelt sich im Ausdruck „Windeseile", aber auch in „Windspiel" als Name einer Hunderasse. Komplizierter ist die Semantik der Jagdmetapher „von etwas Wind bekommen": So wie das Wild den Jäger bemerkt, sobald der Wind dreht, erfährt hier jemand gegen dessen Wunsch von den Machenschaften eines anderen. Wind bedeutet immer Lebendigkeit („frischer Wind"), sein Fehlen Stagnation („wirtschaftliche Flaute"), seine Steigerung zum Sturm übertriebene Reaktionen („stürmisches Temperament"). Manchmal steht die aufgewendete Kraft in keiner Relation zum Erfolg – sie bewirkte nur einen „Sturm im Wasserglas". Die Redewendung „Wer Wind sät, wird Sturm ernten" kombiniert zwei Metaphern aus unterschiedlichen Bereichen zu einer einprägsamen Formel, nämlich die landwirtschaftliche Kausalbeziehung zwischen Säen und Ernten und die (ohne Eingreifen des Menschen stattfindende) Steigerung des Windes zum Sturm.

Sehr speziell ist die Rede vom „Auge des Taifuns" als einer Zone der Ruhe inmitten von heftigen Umwälzungen.

Weil Wolken aussehen, als seien sie weich, kann man „wie auf Wolken gehen". Da sie zugleich hoch über der Erde schweben, beschreibt die Wendung „in Wolken wandeln" und „den Kopf in den Wolken haben" eine träumerische Distanz zur Realität und „aus allen Wolken fallen" den schmerzhaften Absturz auf den „harten Boden der Tatsachen".

Die verschiedenen Arten des Niederschlags haben jeweils spezifische Eigenschaften. Wie Regen empfunden wird, hängt nicht nur von seiner Heftigkeit und Dauer ab, sondern auch von der Trockenheit des Bodens – jedoch ist immer der Witterung schutzlos ausgeliefert, wer „im Regen steht". Die Skala reicht vom erquickenden Regen („Mai-Regen") über den Platzregen bis zu Hagel und Gewitter als den gefürchtetsten Varianten. Die Ausdrücke „Hagelschlag" und „Blitzschlag" kodieren die saatenvernichtende Wucht dieser Wetterelemente so, als sei ihr Urheber eine bösartige Person, und das magische Wetterläuten zu ihrer Abwehr war früher in ländlichen Gebieten üblich. Die Aussage, es habe „jemandem die Petersilie verhagelt", ruft ein sehr spezifisches Bild hervor – sie beschreibt die Wirkung einer großräumig wirkenden Naturkraft auf einen winzigen Bereich, der aber durch sein Umhegtwerden zum erweiterten Selbst zählt.

Blitze sind zum einen zerstörerisch, darum kann eine genervte Mutter klagen, im Kinderzimmer sehe es aus, als „habe der Blitz eingeschlagen". Zum anderen sind Blitze außerordentlich schnell – eben „blitzschnell". Der Blitz geht darüberhinaus in eine bildliche Übertragung ein, denn sein zum Zickzackpfeil stilisiertes Bild bezeichnet auf Warnschildern nicht den Blitz selbst, sondern durch eine metonymische Verschiebung den elektrischen Strom. Schnee ist leicht schmelzbar („Sein Vermögen schmilzt wie Schnee im März"), und seine Bestandteile vermitteln den Eindruck von Schwerelosigkeit („leicht wie eine Schneeflocke"). Redensarten über Tropfen hingegen sind nicht wetterspezifisch, da sie meist Wasser- und nicht Regentropfen meinen („Steter Tropfen höhlt den Stein", „ein Tropfen auf einem heißen Stein").

Die Tatsache, daß Nebel undurchsichtig ist und die Konturen der Objekte verschleiert, motiviert die Redensart „nebulöse Ausdrucksweise". Falls die Gestalt der Argumentstruktur derart verschwimmt, hilft als Gegenmittel nur der erhellende Geist (vgl. Abschnitt 2.1). Kennzeichnungen wie „zäher Nebel" stammen aus der taktilen Wahrnehmung und belegen, daß Nebel als etwas am Boden Haftendes erlebt wird.

3. Klimametaphern

Der Ausdruck „Klima" beschreibt das Verhalten der aufgelisteten Wetterelemente in längeren Zeiträumen. Entsprechende Zyklen von Warm- und Kaltzeiten sind nicht unmittelbar wahrnehmbar und beeinflussen das tägliche Leben weniger. Man kann allerdings sagen, daß zwischen zwei Menschen (vorübergehend) „Eiszeit" herrsche.

Allgemeine Klimametaphern gehen vor allem von der Tatsache aus, daß die Klimafaktoren einer Region deren Vegetation entscheidend beeinflussen; sie legen etwa fest, ob Pflanzen gedeihen oder verdorren. Wie bei den Wettermetaphern werden auch hier die erkannten Zusammenhänge auf menschliche Rahmenbedingungen und Handlungen übertragen. Es liegt daher nahe, vom „Kultur-Klima" einer Stadt zu sprechen, oder davon, daß Kinder in einem „Klima des Streites" nicht gedeihen können.

Spezielle Klimametaphern beziehen sich auf einzelne Naturlandschaften, die ebenso wie Wetterereignisse als Spiegel seelischer Ereignisse dienen können. Vor allem die Extremformen Dschungel und Wüste sind in zahlreiche Metaphern eingegangen, da beides Lebensräume sind, in denen Menschen scheitern oder sich bewähren können.

Die verschiedenen klimabedingten Waldtypen lassen sich danach anordnen, ob sie als anheimelnd oder bedrohlich empfunden werden. Die Romantik verklärte die mitteleuropäischen Mischwälder zur „Waldeinsamkeit", in der die Menschen – wie der Schlußsatz von Eichendorffs Erzählung „Die Glücksritter" behauptet – „selig verschollen" bleiben können. Im Dschungel hingegen ist man grundsätzlich bedroht durch Parasiten, wilde Tiere und die Gefahr des Verirrens. Ausdrücke wie „Großstadtdschungel", „Paragraphendschungel" und „Wildnis der Städte" belegen, daß kulturell geformte Räume als ebenso bedrohlich empfunden werden können wie die modellhafte Primärnatur.

Das andere Extrem ist die Wüste als die lebensfeindliche Landschaft schlechthin: Wer „in die Wüste geschickt" wird, muß sich einer lebensbedrohlichen Kargheit im zwischenmenschlichen Bereich stellen (im harmloseren Fall ist es nur eine kürzere „Durststrecke"). Einschlägige Komposita bezeichnen häufig einen Mangel, sind also privative Ausdrücke – „Kulturwüste" etwa beklagt das Fehlen kultureller Einrichtungen. Auf der anderen Seite waren Wüsten immer schon bevorzugte Orte der Meditation, weil ihre Gleichförmigkeit die höchstmögliche Annäherung an eine angestrebte (weil nicht-ablenkende) visuelle Leere darstellt, die es empirisch nicht geben kann (vgl. Schmauks 1996b: 319ff). Aus ähnlichen Motiven wird in der negativen Theologie die Wüste zum Zeichen für den in menschlichen Kategorien nicht faßbaren Gott, etwa in Meister Eckehards Metapher von der „stillen Wüste der Gottheit".

Die zusammengetragenen Beispiele aus Alltag und Literatur belegen also, daß Wetter und Klima nicht nur als Basis für kleinräumige Metaphern dienen, sondern auch in sehr produktiver Weise brauchbare Modelle für verschiedene umfassende Sachgebiete liefern.

Literatur

Delius, Friedrich C. (1971): Der Held und sein Wetter: ein Kunstmittel und sein ideologischer Gebrauch im Roman des bürgerlichen Realismus. München: Hanser.

Kullmann, Thomas (1995): Vermenschlichte Natur: Zur Bedeutung von Landschaft und Wetter im englischen Roman von Ann Radcliffe bis Thomas Hardy. Tübingen: Niemeyer.

Lakoff, George (1987): Women, Fire, And Dangereous Things. Chicago: University Press.

Larson, Gary (1994): The Curse of Madame C. Kansas: Andrews and McMeel.

Schmauks, Dagmar (1996a): Multimediale Informationspräsentation am Beispiel von Wetterberichten. Eine semiotische Analyse. St. Augustin: Academia.

Schmauks, Dagmar (1996b): Die Stellung des Schweigens im semiotischen Feld. Deutsche Sprache 24: 305–326.

Dr. Dagmar Schmauks ist Privatdozentin für Semiotik an der TU Berlin mit den Forschungsschwerpunkten visuelle Zeichensysteme, Orientierung im Raum und linguistische Pragmatik. Sie studierte an den Universitäten Salzburg und Saarbrücken Philosophie, Linguistik und Psychologie.
E-mail: Dagmar.Schmauks@TU-Berlin.DE

2.5 Meteorologische Aktivitäten im Bereich öffentlicher Bildung in Europa (Schulen, Universitäten, allgemeine Öffentlichkeit)

Werner Wehry

Europa schließt sich zusammen, im Jahre 1999 kennzeichnet dies z. B. die Einführung des Euro. Die meisten Firmen arbeiten inzwischen überregional, oftmals weltweit als sog. „global players", obwohl ihre Arbeit mit play = Spiel überhaupt nichts zu tun hat. In Europa sind die meisten Grenzen gefallen oder zumindest im Vergleich zur Zeit vor zehn Jahren durchlässig geworden.

Abb. 1: Ausreichende und zeitgerecht gegebene Warnung und Information vor Unwettern wie Glatteisregen können viele Schäden verhindern (Foto: H. Dronia, Glatteisregen am 7.3.1987 in der Nähe von Bielefeld)

Der Wissenschaftsbereich war auch zu Zeiten des „Eisernen Vorhangs" wenigstens etwas durchlässig, wenn auch von östlicher Seite her nur für Linientreue. Hier haben sich die Verhältnisse durchgreifend geändert. Die Folge ist, daß nun sämtliche Länder zumindest in Europa auf vielen Gebieten Zusammenarbeit wünschen. Triebkraft sind im wesentlichen Aktivitäten der Europäischen Union, oft aber auch zweiseitige Abmachungen zwischen einzelnen Ländern oder auch einzelnen Organisationen. So schlossen sich in den vergangenen Jahren zahlreiche Wissenschafts-Gesellschaften zu lockeren Verbänden zusammen. In der Meteorologie haben inzwischen 27 europäische Meteorologische Gesellschaften aus 25 Ländern ihr Interesse bekundet, einen Dachverband zu bilden, die EMS = European Meteorological Society.

Land	Kurzantwort
Österreich	„The idea is quite nice."
Schweiz	„We have no clear position."
Tschech. Republik	„It would be very useful."
Spanien	„We fully welcome the creation of the EMS."
Frankreich	„Yes."
Deutschland	„An EMS is absolutely necessary."
Ungarn	„The idea is fascinating."
Kroatien	„An EMS is certainly welcome."
Irland	„It is premature."
Island	„Maybe."
Italien	„The idea is very appealing."
Holland	„We fully support this idea."
Portugal	„Yes."
Rumänien	„An EMS would be very useful."
Schweden	„We like the idea."
Slowenien	„We proposed to establish the Union of the EMS."
United Kingdom	„Why not?"

Abb. 2: *Umfrageergebnis (1997) unter 17 europäischen Meteorologischen Gesellschaften auf die Frage: „What is your reaction to the idea of establishing an EMS?" Die Antworten sind einheitlich positiv, wobei einige nationale Eigenheiten (z. B. Schweiz und England) überraschend deutlich werden.*

Die Gesellschaften arbeiten auf internationaler Ebene zusammen, national bleiben sie selbständig. Inzwischen gibt es regelmäßige gegenseitige Information. So wurde 1996/97 von der Deutschen (DMG) und der Französischen Meteorologischen Gesellschaft (SMF) eine Frageaktion gestartet, die einen „European Catalogue of Training Opportunities in Meteorology" (= ECTOM) erbrachte. Er enthält Adressen, Informationen zu den Bildungssystemen und zahlreiche Universitäts-Curricula aus vielen europäischen Ländern und ist bei der DMG (Sektion Berlin und Brandenburg) unter
http://wwwsat03.met.fu-berlin.de/~dmg zu finden. Dieser Katalog soll etwa alle zwei Jahre aktualisiert werden, demnächst für 1999 von Seiten der DMG.

Schulen

Mit dem Informations-Austausch zwischen den Gesellschaften ergaben sich zahlreiche Anregungen und Vorschläge, die für den Newsletter Nr. 3 der EMS zusammengestellt und während der nationalen französischen Konferenz „Météorologie et Savoir" bei Erziehungswissenschaftlern (R. Morin, W. Wehry, 1998) vorgetragen wurden.

Erwartungsgemäß waren die Informationen über meteorologische Lehrinhalte an Schulen am schwierigsten zu erhalten und auch am diffusesten. Folgende Fragen wurden von 15 Ländern, zumindest teilweise, beantwortet:
a) In welchem Alter der Schüler wird in Ihrem Land erstmals meteorologischer Stoff behandelt?
b) Welche Themen?
c) In welchem Alter wird meteorologischer Stoff vertieft?
d) Welche Themen?

Die Antworten, schematisch:

Land	a)	b)	c)	d)
Österreich	12–13	Grundlagen	16–17	We. & Klima
Schweiz*)	12–15	Umwelt	15+	Bes. Themen
Tschech. Rep.	12–14	Grundlagen	15–18	Umwelt
Spanien	13–14	Grundlagen	14+	Naturwiss.
Deutschland*)	9	Messen	15–16	Bes. Themen
Ungarn*)	7–8	Elem.Grundl.	11–14	Bes. Themen
Kroatien	9	„Natur"	11	We. & Klima
Island	9–11	Grundlagen	14–16	Geographie
Irland	13	Geographie	13+	Geographie
Italien	11–13	Elementar	15–18	„Allgemeines"
Norwegen	Nichts	–	?	Geographie
Polen	9	Umwelt	11	Geographie
Schweden*)	6–7	Grundlagen	10–13	Bes.Themen
Slowenien	10–11	Messen	14–15	Met.Grundlagen
United Kingd.*)	7–11	Grundlagen	11–14	We. & Klima

*) In diesen Ländern gibt es feste curriculare Abläufe. In Deutschland sind sie, bedingt durch die föderale Struktur, von Bundesland zu Bundesland unterschiedlich. Dies gilt für die Schweiz von Kanton zu Kanton ebenso.

Der Inhalt der Schul-Lehrpläne variiert von Land zu Land stark, erst recht diejenigen Themenbereiche, die die Meteorologie betreffen. So gibt es „in **Norwegen** keinerlei Meteorologie in den Schulen, es mag sein, ein wenig im Bereich Geographie".

In **England (UK)** „gibt es ein ‚National Curriculum (NC)' in mehreren Fächern. Meteorologie – Wetter und Klima – erscheint im NC für Geographie vor allem für die 7- bis 11-Jährigen. Zahlreiche indirekte Bezüge werden im allgemeinen naturwissenschaftlichen NC behandelt, wie z. B. der Wasserkreislauf.... Aber der Inhalt hängt jeweils stark von den Vorgaben der lokalen Prüfungsbehörden ab."

Da in **Italien** die Ausbildung regional stark unterschiedlich ist, gibt es auch Schulen, die keinerlei „Wetter" behandeln.

In **Ungarn** wird jeweils alle zwei Klassen Meteorologie bzw. Geographie gelehrt mit Themen „vom elementaren Umweltwissen bis zu Klima-Charakteristiken jedes Landesteiles reichend".

Entsprechendes, eher noch ausführlicher, wird in **Kroatien** in Schulen angeboten, und in Island wird erwartet, daß man nach Schulabschluß Wetterkarten lesen kann (was in diesem wettergeprägten Land nicht weiter verwundert). Auch **Irland** hat ausführliche Kurse: „Solar-Energie, globale atmosphärische und ozeanische Zirkulationen und Klima, Treibhaus-Effekt". Ähnliche Angaben machen **Polen** und **Schweden**.

Das GLOBE-Projekt

Neben den direkt in den Schulen erfolgenden Aktivitäten, ist ein internationales Programm gestartet worden: GLOBE (Global Learning and Observations to Benefit the Education) wurde auf Initiative des amerikanischen Vize-Präsidenten Al Gore im Jahre 1994 vorgestellt. In Europa beteiligen sich inzwischen 20 Länder: A, B, Hr, Cz, Dk, Est, F, Fin, D, Gr, Ice, I, L, Nl, Pl, P, Ro, Rus, S, UK. Heute (Ende 1998) machen in Deutschland etwa 160 Schulen mit. Der Deutsche Wetterdienst ist per Internet beteiligt mit dem „Schulwetter". Auch wenn die Anzahl der teilnehmenden Schulen langsam wächst, ist nach drei Jahren Teilnahme-Möglichkeit diese Zahl blamabel wenig. Die Internet-Home-Page ist:

http://www.globe-germany.de

In Europa gibt es keine weiteren derartig umfassenden Schulprogramme, wenn auch neuerdings (Herbst 1998) von den meteorologischen Gesellschaften Hollands, Frankreichs, Deutschlands und voraussichtlich Englands ausgehend ein Versuch einer europäischen Koordination erfolgen soll.

In den USA und in Australien werden regional weitere Programme betrieben, die im Tagungsband der 4. Int. „Conf. on School and Popular Meteorological and Oceanographical Education", Edinburgh, 1996 (Ed.: RMS, 1997)" nachzulesen sind. Vor allem für Lehrer bestehen (oder werden aufgebaut) in diesen beiden Ländern Fortbildungs-Programme, die natürlich mit ihrer Informations-Weitergabe an die Schüler einer der wirkungsvollsten Wege ist, meteorologisches und allgemeines naturwissenschaftliches Wissen zu verbreiten. Auch hier gibt es in Europa gravierende Defizite.

Universitäten

Die umfangreichsten Antworten erhielten wir von vielen europäischen Universitäten, zumal viele der Bearbeiter im Universitäts-Bereich tätig sind und demnach dort am besten Bescheid wissen.

Folgende Fragen wurden von 20 Ländern, zumindest teilweise, beantwortet:
a) Wie viele Meteorologische Institute gibt es in Ihrem Land?

b) Wie viele Studierende gibt es?
c) Welchen Abschluß können Studierende erwerben?
   Diplom   Dr.   MA   andere Abschlüsse?

Die Antworten, schematisch:

Land	a)	b)	c)
Österreich	4	300	Dipl., Dr.
Schweiz	1+5 Geogr.	100	MA., PhD
Tschech. Rep.	1	15	Dipl., Dr.
Spanien	5	150	PhD
Frankreich	10	200–300	Ing., PhD
Finnland	1	65	MA, D Sc.
Deutschland	12	500–700*)	Dipl., Dr.
Griechenland	5	?	M Sc, PhD
Ungarn	4	45–50	Dipl., PhD
Kroatien	1	15	MA; Dipl., Dr.
Island	Keine	Keine	(aus Dänemark)
Irland	1	10 + Geogr.	B Sc (95%)
Italien	2	15–30	PhD (Physik)
Norwegen	2	60	D Sc, MA, PhD
Holland	2	?	?
Polen	1	30	M Sc, D Sc
Rumänien	2	?	?
Schweden	2	50–60	MA, PhD, fil. kand
Slowak. Rep.	2	?	MA, PhD
Slowenien	1	70	MA, Dipl., PhD
United Kingdom	4+4 Geogr.	Phys, Geogr.**)	MA, M Sc, PhD

Auffallend ist, wie unterschiedlich in den einzelnen Ländern die Studentenzahlen sind, die z. T. gar nicht mit der Bevölkerungszahl des Landes korrespondieren. In vielen Ländern wird nämlich, im Gegensatz zu Deutschland und Österreich, die Meteorologie-Ausbildung von der Physik und/oder der Geographie betrieben.

Zu bemerken ist (*), daß in Deutschland viele der in den ersten Semestern Eingeschriebenen, oft wegen Schwierigkeiten in Mathematik und Physik, ihr Studium abbrechen, so daß nicht einmal die Hälfte der genannten Anzahl ein Diplom in Meteorologie ablegt.

In England (**) gibt es dagegen nahezu keine reine Meteorologie-Ausbildung. Üblicherweise schließt man dort im Fach Physik oder Geographie ab, manchmal auch in Geophysik oder Geologie, auch an eigentlich meteorologischen Instituten. Folgendes wurde mitgeteilt: „It is extremely difficult to answer as it depends on the proportion of meteorological needs to be included in a degree for a student to be counted, and at what level (BSc, MSc, PhD)."

Einige Länder (Cz, H, Hr, N, Pl, Slo) bilden auch nur so viele Studierende aus, wie voraussichtlich benötigt werden.

Im Zusammenhang mit der meteorologischen Ausbildung kommt aus den USA die Frage, ob ein Studierender mehr als bisher an der Universität lernen sollte oder erheblich weniger, sollte er ein guter Wissenschaftler oder eher ein guter Praktiker werden; wieviel soll er z. B. über neue Instrumente und Hilfsmittel wissen? (P. Croft, 1997). In den USA gibt es das überwiegend kommerziell vertriebene Lehrprogramm COMET (Cooperative Program for Operational Meteorology, Education, and Training), in Europa das jedermann zugängliche EuroMET, zu dem unter

http://www.met.ed.ac.uk/~cnd
http://www.tagish.co.uk/ethos/
http://euromet.meteo.fr

sehr viel Material zu finden ist.

Information für die Öffentlichkeit

Meteorologische Information für die Öffentlichkeit besteht üblicherweise darin, Wetterberichte, Meßwerte, Warnungen, allgemeine Informationen zu geben, aber auch meteorologische Begriffe und Zusammenhänge zu erklären. Sämtliche Informationen sind objektiv und an sich neutral in Hinsicht auf soziologische Folgerungen, aber sie beeinflussen nahezu alle Bereiche des öffentlichen Lebens.

Diese Tätigkeiten betreiben sowohl die staatlichen Wetterdienste als auch private Wetterfirmen, manchmal auch – wenn es um Forschungsergebnisse geht – Universitäts-Institute. Und es stellt sich immer wieder heraus: Je mehr und je stärker unterschiedliche Information angeboten werden kann, desto größer ist das Bedürfnis der Öffentlichkeit, diese auch zu verstehen. Oder anders ausgedrückt: Neuartige Informationen erfordern noch bessere Erklärungen als zuvor, noch geschicktere „Übersetzungen" (s. Beitrag W. Göpfert), damit sie auch verstanden werden.

Die Zeit, in der Meteorologen glaubten, man könne der Öffentlichkeit belehrend Begriffe und Zusammenhänge beibringen, sie „erziehen", sind schon lange vorbei.

Öffentlichkeits-Information ist einer der wertvollsten Teile meteorologischer Arbeit: Zeitgerechte Warnungen vor gefährlichem Wetter verhindern viele Schäden. So veranlaßt eine Glatteis-Warnung viele Leute, statt des Autos öffentliche Verkehrsmittel zu nutzen oder gar zu Hause zu bleiben... Nach einer schwedischen Untersuchung kann eine gute Glättewarnung im Vergleich zu deren Kosten – auch unter Einrechnung eines Teils der Wetterdienstkosten – einen bis zu neunzigfachen Gewinn bringen!

Natürlich muß für die Öffentlichkeit die Information oftmals stark vereinfacht werden, Metaphern (s. Beitrag D. Schmauks) helfen sehr dabei – jedoch muß der Meteorologe sehr darauf achten, daß er nicht den gefährlichen Weg mißverständlicher Erklärungen einschlägt.

Im Internet sind viele Beispiele öffentlicher meteorologischer Information zu finden. Über „Georg's Wetterladen"

http://www-imk.physik.uni-karlsruhe.de/~gmueller/met.html

gibt es sehr viele Links in alle Welt – man benötigt jedoch viel Zeit dazu. In den USA wiederum bringt die überregionale Zeitung „USAToday" viel „Wetter", sogar kostenfrei:

http://www.usatoday.com

Wie man einem Artikel aus der Education Conf. (J. Williams, S. 311) entnehmen kann, wollte USAToday zunächst pro Seite einen Geld-Betrag einnehmen – dies erwies sich als Flop. Die Zeitung war dann eine der ersten, die diese Seiten mit Anzeigen finanzierte und somit zu ihrem Geld kam (s. auch den Artikel von S. Bargel!).

Meteorologische Beschäftigungsfelder für die Öffentlichkeit

Wiederum werden hier die Daten aus unserer Fragebogenaktion des Jahres 1997 dargestellt. Gesellschaften aus 20 Ländern antworteten:

a) Wie viele Meteorologen arbeiten schätzungsweise in Ihrem Land?
b) Wo arbeiten die Meteorologen (%)?
b1) Universitäten/Forschungs-Institute,   b2) Nationaler Wetterdienst
b3) Private Firmen   b4) Andere (z. B. Behörden)
c) Wie viele arbeitslose Meteorologen gibt es schätzungsweise?
d) Wer liefert die hauptsächlichen Informationen für Öffentlichkeit und Medien? (NWS = Staatlicher Wetterdienst, P = Privat-Firmen, AFS = Militärischer Dienst)

Die Zahlen sind stark unterschiedlich. In manchen Ländern (z. B. Frankreich und Deutschland, wohl auch Griechenland) sind sämtliche Beschäftigten der Wetterdienste mit erfaßt, in den meisten ost-mittel-europäischen Ländern (Cz, Hr, Pl, Sk, Slo) und in Schweden bearbeiten die Wetterdienste auch hydrometeorologische Bereiche, Rumänien listet dies sogar gesondert auf.

Bemerkenswert ist, daß nur in einigen Ländern ein größerer Anteil der Meteorologen in privaten Wetterfirmen tätig ist, nämlich in der Schweiz, in Italien, Holland und bekanntermaßen in England.

Derzeit gliedern einige europäische Wetterdienste (z. B. Holland und Schweden) Teile ihrer kommerziellen Tätigkeit als Firmen aus, die ihrerseits dann z. B. für die vom Wetterdienst bezogenen Daten zahlen wie jede andere Firma auch. Sowohl mit diesen Maßnahmen als auch mit einem weiteren Anwachsen privater Firmen ist sicher in den nächsten Jahren auch in Europa zu rechnen.

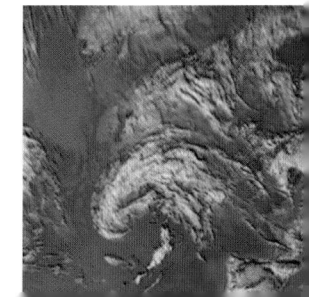

Die Antworten, schematisch:

Land	a) Zahl	B1) %	b2) %	b3) %	b4) %	c) Zahl	d)
Österreich	160	15	75	2	5	15–20	NWS
Schweiz	100	45	35	10	5	Einige	NWS
Tschech. Rep.	300	20	70	2	6	1	NWS
Spanien	500	2	95	1	1	20	NWS
Frankreich	3700	20	75	3	12	–	NWS
Finnland	600	–	100 ?	–	–	–	NWS
Deutschland	4000	30	60	5	5	20–50	NWS/P
Griechenland	600	–	–	–	–	–	–
Ungarn	160–200	16	62	1	21	Keine	NWS
Kroatien	100	10	60	–	30	–	NWS
Irland	50	10	70	5	5	Keine	NWS/P
Italien	200	25	25	10	40	10	AFS
Norwegen	150	20	67	5	8	Keine	NWS
Holland	450	10	65 (?)	10	5	–	NWS/P
Polen	1500	25	60	–	10	Keine	NWS
Rumänien	350+450	10	ca. 85	–	5	–	NWS
Schweden	280	8	55	–	37 (?)	Keine	NWS
Slowak. Rep.	500	–	–	–	–	–	–
Slowenien	80	17	67	8	8	Keine	NWS
United Kingd.	2200	–	–	–	–	–	NWS/P

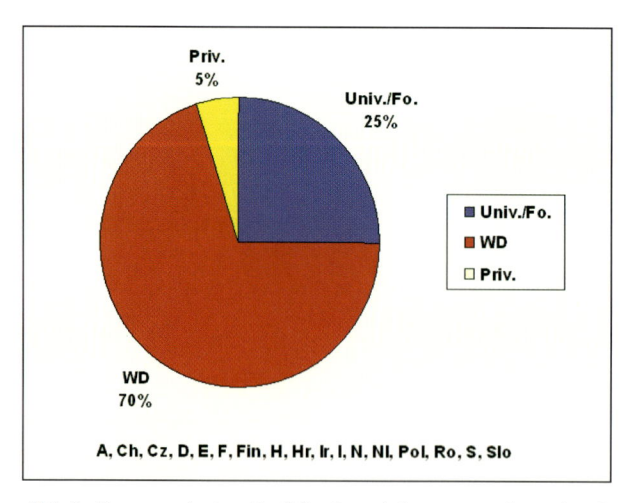

Abb. 3: Prozentuale Anteile (Mittelwert) der meteorologischen Beschäftigungsfelder in 17 europäischen Ländern (1997)

Literatur:

Croft, P., M. Binkley: „Meteorology's educational Dilemma", Bull. AMS, Vol.78, No6, June 1997

ECTOM (European Catalogue of Training Opportunities in Meteorology), herausgegeben von der Société Météorologique de France, 1997, im Internet unter:
http://wwwsat03.met.fu-berlin.de/~dmg

Prepr.4th Intern. Conf. on School and Popular Meteorological and Oceanographic Education, Edinburgh, 1996 (Royal Meteorol.Society, Reading, UK, 1997)

Wehry, W., Herausg.: (Deutsche Meteorologische Gesellschaft, 1991): „Wetterinformation für jedermann – aber wie?", 150 Seiten

Wehry, W. (1997): „Education at schools and universities and information for the general public in European countries", Bull. of the European Meteorological Societies, Newsletter Nr. 3, Dec. 1997, Paris, p. 17–23.

Wehry, W., Morin, R. (1998): „Éducations du jeunes et information du public en Météorologie dans différents pays d'Europe", Actes de „Colloque Météorologie et Savoir", Oct.1997, Arc-et-Senans (Météo-France), France, S. 43–49

Dr. Werner Wehry ist Honorarprofessor für Flugmeteorologie am Inst. f. Luft- und Raumfahrt der Technischen Universität Berlin und Gruppenleiter „Synoptische Daten" am Meteorologischen Institut der Freien Universität Berlin.
E-mail: wehry@bibo.met.fu-berlin.de

2.6 UniRadio – Medienerfahrung für Studenten
Antje Piel

Wetterberichte neuer Art

Neue Präsentationsformen für Wetterberichte werden insbesondere seit der Gründung privater Wetterdienst-Firmen diskutiert und haben zu einem breiten Meinungsaustausch geführt. Vor allem in der privaten Medienlandschaft sind die Ergebnisse dieser Innovationen sichtbar geworden: Wettervorhersagen werden längst nicht mehr nur als wissenschaftliche Abhandlungen mit Standardformulierungen und anspruchsvollen Isobarenkarten präsentiert; sie haben bisweilen Showcharakter, gebrauchen einfache Formulierungen und Symbole und locken die Rezipienten mit Sensationen, Rekorden und Außergewöhnlichem.

Abb. 1: Mit schönen Wolken läßt sich eine Wetterpräsentation immer gut beginnen oder auch beenden. (Foto: Föhnwolken in den Rocky Mountains, P. Parviainen)

Diese neuen Formen der Präsentation waren zunächst so ungewohnt, daß der Eindruck von Unseriosität entstand. In Diskussionen wurde deutlich, daß der Meteorologe die Wissenschaftlichkeit gefährdet sah. Er sollte sein Fachvokabular, das ihn als anerkannten Akademiker auszeichnete, gegen umgangssprachliche, allgemeinverständliche Formulierungen austauschen. Es zeigte sich jedoch, daß private Medien- und Wetterinformations-Anbieter nur eine Überlebenschance hatten, wenn sie sich dem Rezipienten und damit auch seiner Sprache und seinen Bedürfnissen anpaßten.

Andersartige Präsentation
Dies ist sicher einer der Hauptgründe, weshalb die Medienlandschaft und mit ihr die Präsentationsformen des Wetterberichtes so vielfältig geworden sind. Obgleich die Meinungen über verschiedene Darbietungen auseinandergehen mögen und die Formen der Wettervorhersage nicht immer wissenschaftlicher Genauigkeit standhalten, können sie doch nicht als grundsätzlich unseriös betrachtet werden.

Im Gegenteil: Die neuen anschaulicheren Formen zeigen, daß sie mit Wissenschaftlichkeit durchaus vereinbar sind und damit auch die Wissenschaft Meteorologie dem Rezipienten näher bringen können, als es mit herkömmlichen Präsentationsformen möglich war. Darüber hinaus ist der Meteorologe wieder näher in das Licht des öffentlichen Interesses gerückt.

Studentisches Projekt UniRadio Berlin
Auch an den Universitäten ist die Diskussion um neue Formen der (Wetter) Berichterstattung in den Medien erneut vertieft worden. Am Institut für Meteorologie der Freien Universität Berlin konnten die Studenten durch die Mitwirkung beim Radiosender UniRadio wertvolle Erfahrungen sammeln. UniRadio ist ein Projekt der meisten Berliner und Brandenburger Universitäten und Hochschulen. Es hat am 15. Januar 1996 seinen Sendebetrieb aufgenommen, übrigens auf einer Frequenz, die früher der amerikanische Soldatensender AFN nutzte. Geplant war, unter der Anleitung von medienerfahrenen Fachleuten täglich zwischen 17 und 18 Uhr ein Programm zu gestalten, das hauptsächlich Beiträge von Studierenden bieten sollte. Da für den Sendebeginn von „Live at five" ein klassischer Nachrichtenüberblick mit anschließendem Wetterbericht vorgesehen war, beteiligten sich auch die Meteorologie-Studenten.

Abb. 2: Logo von UniRadio Berlin-Brandenburg

Die ersten konkreten Vorbereitungen begannen im Institut bereits zu Anfang des Wintersemesters 1995/96, zu einer Zeit, als der Start von UniRadio noch nicht ganz sicher war und nur vage Vorstellungen von der Programmgestaltung bestanden. Unter der Anleitung von W. Wehry wurde im Seminar „Umsetzung wissenschaftlicher Ergebnisse für die Öffentlichkeit" ein Konzept für die Präsentation des Wetterberichtes bei UniRadio entwickelt. Wir entschlossen uns, während einer Sendezeit von 1 bis 3 Minuten zunächst eine Wettervorhersage für den Berliner und Brandenburger Raum und anschließend eine möglichst aktuelle meteorologische Besonderheit zu bringen. Beides sollte einen lockeren Interviewstil haben und natürlich den Hörer fesseln.

Um dieses Konzept auch erfolgreich umsetzen zu können, nutzten wir verschiedene Möglichkeiten, um uns die entsprechenden Fähigkeiten anzueignen.

Da die meisten teilnehmenden Studenten nur über wenig synoptische Erfahrung verfügten und es auch noch nicht gelernt hatten, Texte zu schreiben, versuchten wir zunächst, Wetterberichte zu formulieren. Dabei mußten wir feststellen, daß bereits dieser erste Schritt auf dem Weg zu einem guten Interview einige Übung erfordert.

Im weiteren Verlauf arbeiteten wir intensiv an der Umsetzung unseres Konzeptes und diskutierten viel über die potentiellen Nutzer und in diesem Zusammenhang über Inhalte und Formulierungen unserer Interviews. Dazu nutzten wir auch verschiedene Beiträge aus der Veröffentlichung „Wetterinformation für jedermann – aber wie?", dem Vorgänger der vorliegenden Buch-Ausgabe. Wir konnten so aus den Erfahrungen von Meteorologen, Journalisten und Psychologen schöpfen, die bereits auf diesem Gebiet tätig waren.

Hilfreiche Unterstützung erhielten wir auch von H. Götschmann aus der Regionalzentrale Potsdam des Deutschen Wetterdienstes. Er vermittelte uns sowohl seine als auch die Erfahrungen seiner Kollegen bei der Präsentation von Wetterinformationen in den Medien. Wir sprachen über gängige Formulierungen und ihre Definitionen und diskutierten, inwieweit bestimmte Begriffe verständlich, sinnvoll und hilfreich zu verwenden sind.

Verstehen die „Leute auf der Straße" die Wetterberichte?
Etwas mehr Information zu dieser Problematik erhielten wir durch eine studentische Befragung von „Leuten auf der Straße" (siehe Beitrag von S. Danßmann in dieser Ausgabe). Denn uns stellte sich die Frage: Was verstehen die Abnehmer unter Wettervorhersagen, um die wir so bemüht sind, überhaupt unter den Bezeichnungen „heiter bis wolkig", „strichweise Regen" oder „50% Niederschlagswahrscheinlichkeit"? Was nützen ausgeklügelte Definitionen von Fachleuten, wenn der Nutzer damit nichts anfangen kann? Die Ergebnisse dieser Befragung gaben uns ein paar interessante Antworten, und wir ließen sie in unser Konzept mit einfließen.

Auf dem Weg zu einem guten Interview bot sich uns noch eine weitere Möglichkeit, neben der richtigen Auswahl der Inhalte und Formulierungen auch das eigentliche Sprechen in das Mikrofon zu üben: An der Zentraleinrichtung für Audiovisuelle Medien (ZEAM) der Freien Universität Berlin konnten wir sowohl Interviews als auch die Präsentation von Wetterinformationen vor der Kamera proben.

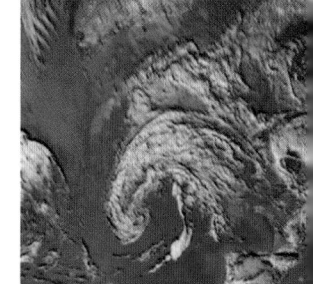

Wir mußten feststellen, daß das Verlesen eines Textes vor einem Mikrofon und einer Reihe aufmerksamer Zuhörer eine völlig neue Situation darstellte, insbesondere dann, wenn es gerade kein reines Ablesen eines vorgefertigten Textes sein sollte. Kritisch und schmunzelnd hörten wir uns unsere Beiträge an und lernten wieder etwas dazu. Später folgte ein Tag mit Probeaufnahmen bei UniRadio, dann wurde es ernst.

Tägliche Interviews
Vor dem eigentlichen Starttermin von UniRadio am 15. Januar 1996 fand ein zweiwöchiger Probelauf statt, der aber im Vergleich mit der wirklichen Übertragung kaum noch einen Unterschied darstellte. Es wurde ein Dienstplan erstellt und mit UniRadio eine tägliche Absprache des Interviews mit dem jeweiligen Moderator vereinbart. Nach und nach hatte jeder der 12 studentischen Meteorologen sein/ihr erstes Interview.

Dabei wurden wir jeden Tag vom diensthabenden Meteorologen im Wetterturm der FU unterstützt, mit dem wir die Wetterlage und -aussichten besprachen und daraus unseren speziellen Bericht für UniRadio einschließlich der meteorologischen Besonderheit formulierten, der anschließend beim Interview als Vorlage dienen sollte.

Die ersten Tage und Wochen waren noch sehr aufregend, auch in Erwartung der Reaktionen von Machern und Zuhörern von UniRadio. Doch sehr bald erhielten wir positive Resonanz auf unsere Beiträge, obgleich wir selbst unseren Interviews viel kritischer gegenüber standen. Wir versuchten Schwachstellen zu verbessern, wobei es sich als sehr wertvoll erwies, die eigenen Beiträge noch einmal anzuhören. Es zeigte sich unter anderem, daß bestimmte Formulierungen und Begriffe immer noch zu wissenschaftlich und abstrakt waren. Wir trafen uns weiterhin einmal wöchentlich im Seminar und werteten unsere Eindrücke und Erfahrungen aus.

In den darauffolgenden Wochen erhielten wir weiterhin viel Lob von UniRadio. Wir waren gern gesehen und erfuhren, daß es bereits eine Fangruppe des UniRadio-Wetters gab! Dennoch waren wir nicht immer mit uns zufrieden und versuchten weiterhin, uns inhaltlich und sprachlich zu verbessern.

Ein Jahr lang haben wir es geschafft, mit etwa 12 Studierenden täglich von Montag bis Freitag ein Interview zu geben. In dieser Zeit konnten wir nicht nur viele wertvolle Erfahrungen auf dem Gebiet der Präsentation von Wettervorhersagen sammeln, sondern auch einiges über guten Journalismus im Radio lernen. Später fehlten dann leider die jüngeren Semester, um weiterhin täglich einen Beitrag liefern zu können. Doch inzwischen haben jüngere Studenten Interesse gefunden und sind wiederum bei UniRadio gern gesehen.

Dipl.-Met. Antje Piel hat bis 1998 an der FU Berlin Meteorologie studiert und ist derzeit bei der privaten Berliner Firma MC-Wetter tätig.
E-mail: A.Piel@MC-Wetter.de

2.7 Studentische Umfrage vor einem Einkaufszentrum in Berlin
Verstehen Sie den Wetterbericht?

Susanne Danßmann

Einleitung

Im Rahmen eines Seminars machten wir, einige Meteorologiestudenten der FU-Berlin, uns Gedanken, ob die Wetterberichte aus Radio, Fernsehen und Zeitung für die Bevölkerung überhaupt verständlich sind oder ob doch zu viele Fachbegriffe verwendet werden. Aus diesem Grund erstellten wir einen Fragebogen zu den Begriffen Windrichtung, Bedeckung sowie Niederschlagswahrscheinlichkeit. Bei letzterer gab es selbst zwischen den Meteorologen unseres Instituts und einer privaten Wetterfirma, die wir zunächst zu diesem Thema befragten, unterschiedliche Meinungen und Diskussionen.

Abb. 1: Schönwettercumuli mit „Kulisseneffekt": Bei einem derartigen Himmelsanblick wird oft die Bewölkungsmenge überschätzt: In diesem Fall scheint zum Horizont hin die Bewölkung dichter zu werden, was jedoch nicht den Tatsachen entspricht. Da nämlich die Wolken einige 100 Meter in die Höhe reichen, verstellen sie die Sicht auf die wolkenfreien Gebiete zwischen ihnen. (Foto: Stefan Kämpfe, 30. 5. 1997, bei Kölleda/Thüringen)

Zu einer allgemeinen Umfrage stellten wir uns an die Berliner Schloßstraße in Steglitz vor ein großes Einkaufszentrum und befragten Passanten. Diese Umfrage ist sicherlich nicht repräsentativ, aber immerhin konnten wir fast 200 Leute interviewen, und die Ergebnisse sind sehr aufschlußreich.

Die Windrichtung
Auf die Frage, ob Westwind aus Westen oder nach Westen weht, antworteten die meisten (85%) richtig, daß der Wind aus Westen kommt, wenn auch oft erst nach einigem Überlegen. Dieses Ergebnis ist erfreulich, aber auch erstaunlich, denn diese Angabe wird für viele eher unwichtig sein, weil sie für die meisten direkt nicht viel mit dem Wettergeschehen zu tun hat. Und die, die sie benötigen, wie zum Beispiel Segler, haben ohnehin meteorologische Vorkenntnisse.

Die Bewölkungsangaben
Bewölkungsangaben sind für die Bevölkerung eher von entscheidender Bedeutung, da Wolkenmengen für den spontanen Wettereindruck am wichtigsten sind. So fragten wir, wieviel Prozent des Himmels (in Klammern: die meteorologisch gebräuchliche Definition) bei den Begriffen sonnig (0 bis 20%), heiter (10 bis 40%), wolkig (50 bis 70%), stark bewölkt (um 80%, „noch Wolkenlücken") und bedeckt (100%) von Wolken überzogen sind.

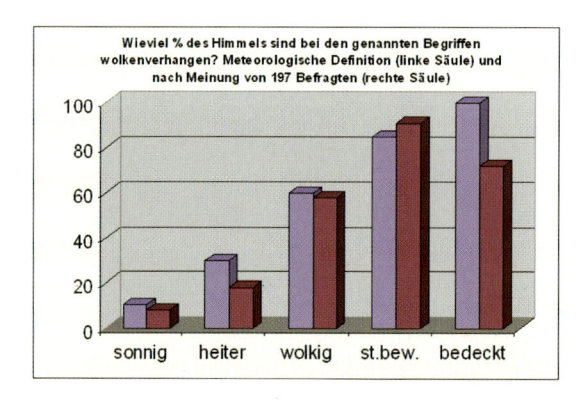

Abb. 2: Die Himmelsbedeckung wird nach meteorologischen Kriterien (linke Säule) oft anders beurteilt als von Laien, die vor allem die Begriffe stark bewölkt und bedeckt unterschiedlich auffassen.

Die Reihenfolge änderten wir natürlich. Die Antworten waren zum Teil erstaunlich.
Die Angabe „**sonnig**" wurde zwar von 90% richtig verstanden, interessant war jedoch die Tatsache, daß auch einige 60% oder 80% angekreuzt haben.
„**Heiter**" wurde von vielen richtig beantwortet, wobei der Begriff für immerhin 16% noch bedeutet, daß keine Wolke am Himmel ist.
„**Wolkig**" ist ein meteorologisch gesehen etwas weiter gefaßter Begriff, dasselbe ergab auch die Umfrage. Die Spanne reichte von 20% bis 100%, wobei fast die Hälfte der Befragten auf 60% tippten. Diese Ergebnisse sind durchaus zufriedenstellend. Anders sah es bei den letzten beiden Bezeichnungen aus.
„**Stark bewölkt**" und „**bedeckt**" wurden nur selten richtig zugeordnet. Knapp 50% der Befragten waren der Ansicht, daß bei „stark bewölkt" der Himmel vollständig bedeckt ist („gleich wird es regnen!"), dagegen kreuzten nur 30% den korrekten Ausdruck „bedeckt" mit 100% an. Allgemein ist das Ergebnis für „bedeckt" sehr

schwammig, so wurden 40, 60 und 80% Bedeckung von jeweils 18 bis 27% der Befragten angegeben.

Abb. 3: Der Begriff „stark bewölkt" (rechte Säule) wird von Laien mit viel mehr Wolken verbunden als der Begriff „bedeckt".

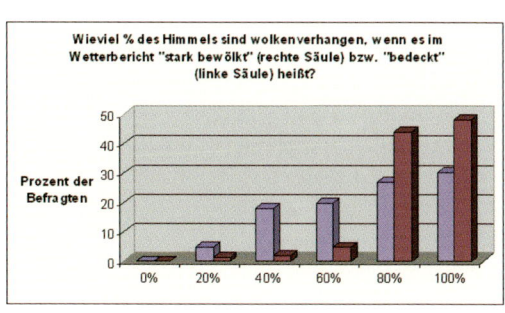

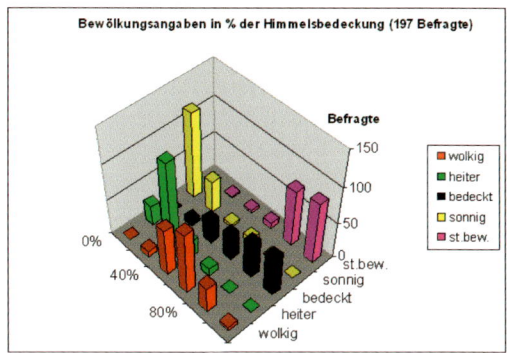

Abb. 4: Ergebnis der Befragung von 197 Personen. Die Verteilung der Bewölkungsmengen ist sehr unterschiedlich zu den meteorologischen Definitionen.

Die Niederschlagswahrscheinlichkeit

Zu diesem schon bei den Meteorologen umstrittenen Thema fragten wir: **„Was verstehen Sie unter einer Niederschlagswahrscheinlichkeit von 30%"?** Laut Definition bedeutet dies, daß in 30 von 100 Fällen Niederschlag zu erwarten ist. Als Antwortmöglichkeiten gab es Folgendes anzukreuzen:
a) „In 30 von 100 Fällen wird es regnen",
b) „Es wird nur leichter Regen erwartet",
c) „In 30% der Zeit wird es regnen",
d) „Auf 30% der Fläche ist Regen in Aussicht",
e) und wir ließen auch die Möglichkeit für eigene Antworten offen.

43% der Befragten kreuzten zu unserer Überraschung die richtige Antwort (a) an, und 33% erwarteten nur leichten Regen, eine Interpretation, die als noch richtig gewertet werden kann. **Dies bedeutet also, daß 76% (drei Viertel!) der Befragten mit einer derartigen Angabe im Wetterbericht etwas Vernünftiges anfangen können.**

Die zeitliche bzw. flächenbezogene Wahrscheinlichkeit wählten nur 12 bzw. 5%. Weitere Antworten waren, daß man nur mit Schauern rechnen muß oder daß Regen eher unwahrscheinlich ist. Aber auch so abenteuerliche Antworten gab es, wie: „30% Wahrscheinlichkeit, naja, so fünfzig zu fünfzig für Regen...", an denen man sieht, daß einige Leute nicht viel mit Prozenten anfangen können.

Auf die ergänzende Frage, ob sie denn eine Radtour bzw. einen Spaziergang machen würden, wenn eine 30-prozentige Niederschlagswahrscheinlichkeit vorhergesagt wird, antworteten 90% mit einem klaren Ja!

Ergebnis

In der Bevölkerung hört man, die Wettervorhersagen seien meist falsch, dabei trifft das gar nicht so oft zu. Vielleicht verstehen viele Leute die Fachbegriffe anders als der Meteorologe und sind dann der Meinung, die Vorhersage sei nicht richtig gewesen. Das kann man schon allein an den Bedeckungsangaben sehen.

Um Wetterberichte mit ihren Bewölkungsangaben leichter verständlich zu machen, sollten zwei Folgerungen beachtet werden:

1. Die Meteorologen sollten den Begriff „stark bewölkt" überhaupt nicht benutzen, sondern nur die Begriffe „wolkig" und/oder „bedeckt".
2. Viel besser und auch eindeutiger ist es, zusätzlich zu sagen, daß „überhaupt kein Sonnenschein" (= bedeckt) oder daß „höchstens etwas Sonne" (= stark bewölkt) zu erwarten ist.

Interessant ist die Tatsache, daß Grundlagen wie die Windrichtung überwiegend richtig verstanden werden. Auch daß so viele bei einer 30-prozentigen Niederschlagswahrscheinlichkeit einen Ausflug machen würden, zeigt, daß der eigentliche Sinn dieser Aussage verstanden wurde, nämlich daß die Wahrscheinlichkeit für Regen nur gering ist. Die Meteorologen jedoch müssen die zweckmäßigsten Formulierungen zur Niederschlagswahrscheinlichkeit weiterhin diskutieren.

Susanne Danßmann (cand. rer. nat.) studiert Meteorologie an der Freien Universität Berlin.
E-mail: susi@bibo.met.fu-berlin.de

3. Wetterinformation in Wort und Bild

Alle Medien-Bereiche erwarten für ihre Öffentlichkeitsarbeit auch meteorologische Information – aber welche und in welcher Form? Die meisten der hier folgenden Beiträge wurden während einer Veranstaltung der Deutschen Meteorologischen Gesellschaft im März 1998 vorgetragen, so auch der von Georg Gafron vom Berliner Rundfunksender Hundert,6. Er hatte für diesen Termin von FORSA eine Umfrage in Deutschland durchführen lassen, welche sich mit der Nutzung von Radio-Wetterberichten befaßte, und die er uns für dieses Buch überließ.

In diesem Umfeld befaßt sich auch Sven Bargel mit dem Thema „Wetter", und er kommt zu überraschenden Schlüssen: Vermutlich wird in wenigen Jahren eine Information so teuer, daß z. B. Wetterberichte lediglich noch als Werbeträger für ihre Hersteller dienen, also für den Wetterdienst oder private Firmen, den Meteorologen direkt jedoch nichts mehr einbringen. Ob sich die Einengung auf wenige Aspekte der Wettervorhersage im Rundfunk tatsächlich so einpendeln wird, mag bezweifelt werden.

Aber auch die Darstellung von Wetterberichten in Zeitungen ist, wenn man den Beitrag von Wolfgang Scharfe liest, eher deprimierend, wenn auch in den vergangenen zwei bis drei Jahren deutlich neue Tendenzen zu allgemeinverständlicher Information zu erkennen sind. Wie schwer es für Journalisten im Zeitalter der Sensationshascherei ist, Wetterinformation qualitativ gut aufzubereiten, zeigt Christoph Stollowsky plakativ mit Beispielen aus seiner Redaktionsarbeit.

Das hauptsächliche öffentliche und öffentlichkeitswirksame Medium ist heute ohne Zweifel das Fernsehen: Hier ergibt sich die Forderung nach „guter und verständlicher" grafischer Information, wobei natürlich gleich der Streit beginnt, wie eine derartige Darstellung aussehen sollte. Denn nur mit Unterstützung von Grafik ist im Fernsehen Wetter zu „verkaufen" – und dies schlägt sich in den fernsehbezogenen Beiträgen dieses Buches ebenso nieder, wie in den dann folgenden über weitere (neue) Medien. Grundsätzliche Überlegungen vom Soziologen Raimund Klauser zeigen sehr deutlich die Grenzen dieser vielgelobten (und auch vielgehaßten) Medien wie Fernsehen, Spartensender, Videotext und vor allem des Internet auf.

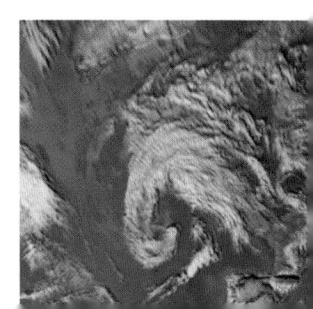

3.1 Verkehr und Wetter – nothing goes better!

Georg Gafron

Direkt von der Beerdigungsfeier für Ulrich Schamoni kommend bin ich noch viel zu aufgewühlt, um hier einen trocken-sachlichen Vortrag zu halten. Es war eine würdige Feier mit vielen Freunden vor allem aus der Medienwelt, natürlich auch aus vielen anderen Bereichen. Wie Sie wissen, war Ulrich Schamoni u.a. im Jahre 1987 Gründer des ersten Privat-Radios in Berlin, unseres Senders „Hundert,6". Er war immer der Öffentlichkeit zugewandt, von der wir meinten, daß sie gerne auch andere Radioprogramme als diejenigen der bisher allein sendenden öffentlichen Rundfunkanstalten hören würde.

Neben viel Musik wurde deshalb auch Information, nun aber in kleinen Blöcken, in Häppchenform, angeboten, die Nachrichten brachten erstmals auch Original-Beiträge, sogenannten „O-Ton". Da lag es nahe, auch den Wetterbericht live aufsprechen zu lassen, und zwar stündlich zu den Nachrichten von Sprecherinnen des Instituts für Meteorologie. Parallel dazu wurden zahlreiche Live-Interviews der Meteorologen eingeblendet, oft im Abstand von weniger als einer Stunde. Dies führte dazu, daß ein Meteorologen-Kollege es einmal auch fertigbrachte, zu sagen, daß sich in der vergangenen Stunde das Wetter nicht geändert habe und auflegte… .

Abb.:
Schnee, Glätte, Frost…jedes Wetterereignis muß rechtzeitig und verständlich der Öffentlichkeit mitgeteilt werden (Foto: Stefan Kämpfe, 4.1.1993, Weimar)

Anfang der 90er Jahre gab es mehr und mehr Konkurrenz auf dem Berliner Radiomarkt – und nicht nur hier. Unser ursprünglich so gutes Konzept mußte angepaßt werden, und seit 1994 gibt es weniger Nachrichten und weniger Wetterinformation über Hunderet,6, dafür andere Beiträge.

Meine Meinung war immer, daß am Beginn der Nachrichten sowohl Schlagworte zum Zeitgeschehen als auch eine Kurzvorhersage des Wetters genannt werden sollen, am Ende die ausführlichere Vorhersage. Das Wichtigste ist dabei, immer das Wesentliche zu nennen, also wenn Schnee bevorsteht, dies zu betonen samt der zu erwartenden Glätte, dann aber Wind und Bewölkung kaum zu erwähnen.

Pünktlich für diese Veranstaltung haben wir bei der Agentur FORSA, Berlin, eine Umfrage in Auftrag gegeben: „Der Wetterbericht im Radio: Erwartungen der Nutzer". Befragt wurden am 10. und 11. März 1998 im gesamten Bundesgebiet 1008 Personen, und mit dieser Anzahl wird die Befragung von den Statistikern als „repräsentativ" angesehen. Im folgenden werden die Statistiken und Auswertungen dieser Umfrage wiedergegeben, die für sich sprechen. Auf vier Punkte möchte ich besonders hinweisen:

1. Ursprüglich meinten wir, daß viele Hörer eine Wetterinformation gleich am Anfang der Nachrichten hören wollen: Tabelle 6 weist lediglich 23% der Hörer aus, die zu Beginn der Nachrichten eine kurze Information, am Ende einen ausführlichen Überblick hören wollen – und nur 8% wollen die Wetterinformation zu Beginn der Nachrichten haben. Diese Zahl erscheint mir allerdings aus mancherlei Erfahrungswerten zu niedrig, z. B. weil die meisten Befragten wohl kaum einmal darüber nachgedacht haben...
2. Bemerkenswert ist, wie wenig Zeitungswetterberichte genutzt werden (Tab. 1): Lediglich 27% beziehen ihre Information aus Zeitungen, dagegen 73% vom Radio, 79% vom Fernsehen. Zeitungen haben wegen des Mangels an Aktualität offenbar hierbei das Nachsehen.
3. Erwartungsgemäß interessieren die Öffentlichkeit die Auswirkungen des Wetters (z. B. Glätte, Nebel etc.) viel mehr (Tab. 4: 85%, Autofahrer naturgemäß noch etwas stärker: 87%) als etwa Angaben über den Wind (48%) oder gar die „gefühlte Temperatur" (25%), die allerdings speziell Interessierte durchaus hören wollen.
4. Aus dieser wie auch aus vielen anderen einschlägigen Umfragen ergibt sich eine nachdenkenswerte Tatsache: Nahezu 10% unserer erwachsenen Mitmenschen hören weder Radio noch sehen sie fern, noch lesen sie Zeitung; sie haben sich weitgehend aus dem kommunikativen System ausgeklinkt!

Es folgt die Studie von FORSA, die für dieses Buch mit freundlicher Erlaubnis des Senders Hundert,6 übernommen werden kann:

Die Nutzung von Wetterberichten
Datenbasis: 1008 Befragte im Bundesgebiet
Erhebungszeitraum: 10. und 11. März 1998
statistische Fehlertoleranz: ± 3 Prozentpunkte
Auftraggeber: Radio Hundert,6

Es gibt so gut wie keinen Bürger in Deutschland, der nicht mehr oder weniger regelmäßig Wetterberichte hört, sieht oder liest: 79 Prozent aller Bürger sehen Wetterberichte im Fernsehen, 73 Prozent hören sie im Radio. Die Nutzung der Wetterberichte in den Zeitungen ist nicht so intensiv: 27 Prozent aller Bürger lesen die Wetterberichte in den Zeitungen. Überdurchschnittlich oft hören die Autofahrer, die Ostdeutschen und die jüngeren, unter 30 Jahre alten Bürger Wetterberichte im Radio.

Tabelle 1:

Nutzung von Wetterberichten im Radio, im Fernsehen und in der Zeitung			
Es hören, sehen oder lesen Wetterberichte			
	im Radio	im Fernsehen	in der Zeitung
Insgesamt	**73%**	**79%**	**27%**
Ost	80 %	77 %	26 %
West	71 %	79 %	27 %
unter 30jährige	82 %	70 %	26 %
30- bis 44jährige	74 %	72 %	26 %
45- bis 59jährige	73 %	81 %	32 %
60 Jahre und älter	65 %	91 %	26 %
Autofahrer	76 %	77 %	28 %

Die Nutzung der Wetterberichte im Radio ist recht intensiv: 70 Prozent aller Radiohörer geben an, mehrmals pro Tag den Wetterbericht zu hören. 21 Prozent hören einmal pro Tag, 9 Prozent mehrmals in der Woche die Wetterberichte im Radio.

Tabelle 2:

Wie oft wird der Wetterbericht im Radio gehört?			
	mehrmals pro Tag	einmal am Tag	mehrmals pro Woche
Insgesamt	**70 %**	**21 %**	**9 %**
Ost	74 %	19 %	7 %
West	69 %	22 %	9 %
unter 30jährige	67 %	23 %	10 %
30- bis 44jährige	73 %	21 %	6 %
45- bis 59jährige	75 %	18 %	7 %
60 Jahre und älter	68 %	23 %	9 %
Autofahrer	76 %	18 %	6 %

2. Erwartungen an Wetterberichte

Der Wetterbericht im Radio sollte nach Meinung von 61 Prozent aller Bürger eher kurz sein und über das Wichtigste informieren. Einen möglichst ausführlichen Wetterbericht, der über die gesamte Wetterlage Auskunft gibt, wünschen sich 29 Prozent. Die übrigen 10 Prozent wollen – je nach Bedarf – mal einen kurzen, mal einen ausführlichen Bericht über das Wetter. Einen kurzen Wetterbericht wollen überdurchschnittlich häufig die jüngeren Hörer.

Tabelle 3:

Der Wetterbericht: Kurz oder ausführlich?			
Der Wetterbericht im Radio sollte			
	kurz über das Wichtigste informieren	möglichst ausführlich über die Wetterlage Auskunft geben	teils/ teils
Insgesamt	**61 %**	**29 %**	**10 %**
Ost	61 %	29 %	10 %
West	61 %	29 %	10 %
unter 30jährige	73 %	19 %	8 %
30- bis 44jährige	66 %	26 %	8 %
45- bis 59jährige	53 %	34 %	13 %
60 Jahre und älter	54 %	35 %	11 %
Autofahrer	58 %	30 %	12 %

Welche Informationen über das Wetter im Detail von den Hörern bei den Wetterberichten im Radio erwartet werden, zeigt die nachfolgende Übersicht.

Die wichtigsten Elemente eines Wetterberichtes sind danach die Informationen über die Straßenverhältnisse (Glätte, Nebel, etc.), die Angaben über die Wetterverhältnisse (Sonne, Wolken, Regen, Schnee, etc.), deren Veränderungen im Laufe des Tages und die Angaben über die Entwicklung der Temperatur im Laufe des Tages sowie des folgenden Tages. Angaben über die Entwicklung der Wetterverhältnisse bzw. der Temperatur in der kommenden Nacht sowie der folgenden Tage werden demgegenüber von etwas weniger Bürgern erwartet.

Informationen über die Wetterlage (Hoch, Tief, etc.) und deren Entwicklung sowie die Windrichtung und -stärke möchte rund die Hälfte der Radiohörer gerne haben. Am geringsten ist das Interesse der Hörer an Informationen über die „gefühlte Temperatur", die Höhe des Luftdrucks und dessen Entwicklung sowie die Namen von Hoch- bzw. Tiefdruckgebieten.

Die Erwartungen der Ost- und Westdeutschen unterscheiden sich prinzipiell nicht voneinander. Allerdings sind die Ostdeutschen etwas häufiger als die Westdeutschen an Detailinformationen und die über den Tag hinausgehenden Entwicklungen des Wetters interessiert. Allerdings dürfte dieser Unterschied vor allem darauf zurückzuführen sein, daß in Ostdeutschland eher ländliche Siedlungsstrukturen vorherrschen und die Menschen dort noch eine andere Beziehung zum Wetter haben als in urbanen Regionen.

Tabelle 4:

Welche Informationen über das Wetter werden gewünscht? Der Wetterbericht im Radio sollte folgende Informationen enthalten:				
	Insgesamt	Ost	West	Autofahrer
Angaben über Straßenverhältnisse (Glätte, Nebel etc.)	85 %	83 %	85 %	87 %
Angaben über Sonne, Wolken, Regen, Schnee, etc.:				
– im Laufe des Tages	78 %	76 %	79 %	81 %
– für den folgenden Tag	71 %	69 %	72 %	74 %
– für die kommende Nacht	57 %	55 %	58 %	57 %
– für die folgenden 3 Tage	48 %	50 %	48 %	47 %
die aktuelle Temperatur	73 %	74 %	72 %	72 %
die Temperaturentwicklung				
– im Laufe des Tages	77 %	76 %	77 %	76 %
– für den folgenden Tag	78 %	75 %	79 %	82 %
– in der kommenden Nacht	65 %	64 %	65 %	70 %
– für die folgenden 3 Tage	51 %	55 %	50 %	50 %
Angaben über die Wetterlage (Hoch, Tief, etc.) und deren Entwicklung	53 %	62 %	50 %	49 %
Angaben über die Windrichtung und -stärke	48 %	56 %	45 %	44 %
Angaben über die „gefühlte Temperatur"	25 %	29 %	24 %	25 %
Angaben über den Luftdruck und dessen Entwicklung (steigend, fallend, etc.)	20 %	25 %	19 %	21 %
Namen der Hoch- und Tiefdruckgebiete	11 %	12 %	11 %	9 %

Über drei Viertel aller Radiohörer finden es richtig, daß der Wetterbericht immer mit den Nachrichten im Radio verknüpft wird. 20 Prozent allerdings würden es begrüßen, wenn der Wetterbericht unabhängig von den Nachrichten öfter gesendet würde. In überdurchschnittlichem Maße wollen dies die jüngeren, unter 30 Jahre alten Hörer (deren Interesse an Nachrichten noch nicht so ausgeprägt ist).

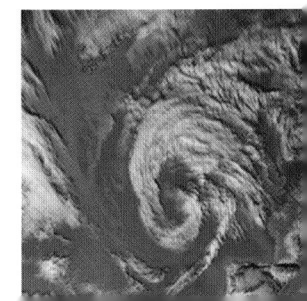

Tabelle 5:

Der Wetterbericht: Mit den Nachrichten verknüpft oder unabhängig?		
Der Wetterbericht sollte	immer mit den Nachrichten verknüpft werden	unabhängig von den Nachrichten öfter gesendet werden*)
Insgesamt	**77%**	**20%**
Ost	76%	19%
West	77%	20%
unter 30jährige	70%	26%
30- bis 44jährige	76%	21%
45- bis 59jährige	76%	20%
60 Jahre und älter	85%	11%
Autofahrer	79%	17%
*) an 100 Prozent fehlende Angaben = „weiß nicht"		

Die meisten Hörer (66%) finden es auch in Ordnung, daß der Wetterbericht traditionell am Ende der Nachrichten plaziert wird.

Nur wenige (8%) möchten den Wetterbericht zu Beginn der Nachrichten. Einige (23%) würden es allerdings gerne sehen, wenn zu Beginn der Nachrichten eine kurze Information über das Wetter und am Ende der Nachrichten ein etwas ausführlicherer Überblick geliefert würde.

Tabelle 6:

Wo sollte der Wetterbericht bei den Nachrichten plaziert werden?			
	am Ende der Nachrichten	zu Beginn der Nachrichten	zu Beginn der Nachrichten eine kurze Information, am Ende ein ausführlicher Überblick*)
Insgesamt	**66%**	**8%**	**23%**
Ost	65%	11%	19%
West	66%	7%	24%
unter 30jährige	66%	7%	26%
30- bis 44jährige	66%	9%	22%
45- bis 59jährige	66%	8%	21%
60 Jahre und älter	66%	7%	23%
Autofahrer	62%	8%	25%
*) an 100 Prozent fehlende Angaben = „weiß nicht"			

Georg Gafron ist Geschäftsführer und Chefredakteur von Radio Hundert,6 in Berlin.

3.2 Die wichtigste Nebensache für den Erfolg eines Radioprogramms – WETTER!
Sven Bargel

Die Headline klingt etwas überdimensioniert, aber Programmdirektoren mußten ihren Hut nehmen, „mornin'shows" wurden gekippt und Chefredakteure kollabierten beim Wort „Wetter". Was nützen einer Station die besten Korrespondentenstücke aus dem letzten Zipfel der Welt in den Nachrichten, wenn der Wetterbericht für das Sendegebiet nicht stimmt.

Rückschluß des Hörers, und um den geht es für das Produkt Radio: „Wenn die nicht mal in der Lage sind, einen richtigen Wetterbericht zu machen, wie wollen die (Radiomenschen) mir dann erzählen, was in West-Beirut oder Moskau auf der politischen Bühne abgeht". Und genau das ist der Punkt, in dem ich dem Hörer uneingeschränkt recht gebe.

Abb.: Der Blick aus dem Fenster ist für Meteorologen und Radiomacher gleichermaßen wichtig. („...es wird Ihnen morgens ein trüber Tag angekündigt, und Sie sitzen mit einem Kaffee in Ihrer Küche und blinzeln in die Morgensonne.") Foto: S.Kämpfe

Achten Sie 'mal selbst drauf: Wie oft kommt es vor, daß ein Moderator Ihnen per Radio bedeckten Himmel verkündet, und Sie fahren im Sonnenschein die Avus entlang. Oder es wird Ihnen morgens ein trüber Tag angekündigt, und Sie sitzen mit einem Kaffee in Ihrer Küche und blinzeln verschlafen in die Morgensonne. (Richtige Formulierung: Derzeit noch sonnig, aber im Tagesverlauf....)

Was denken Sie in diesen Augenblicken? Richtig, das Wesen im Radio hat nicht alle Tassen im Schrank oder sendet aus einem Tiefbunker. Solche Meldungen sind vielleicht auch menschlich begründet: Ein Moderator liest generell alles vor, was ihm auf den Tisch gelegt wird, der Blick aus dem Fenster findet leider viel zu selten statt. Dies gilt übrigens auch für Meteorologen, oft genug habe ich aktuelle Wetterberichte in den Fingern gehabt, in denen unter der Rubrik „derzeit ist der Himmel..." stand, draußen am besagten/beschriebenen Himmel aber genau das Gegenteil stattfand. Jede Entschuldigung wird an dieser Stelle im Keim erstickt, es geht hier nicht um die Vorhersagen, sondern den Ist-Zustand, denn auf diesen kommt es im Radiogeschäft an: „Radio findet jetzt, in dieser Sekunde statt".

Die Wettervorhersagen im Hörfunk und wo auch sonst immer sie zu finden sind, erspare ich mir und gedenke in diesen Sekunden der vielen Meteorologen, die am Gründonnerstag 98 die Vorhersage für den Karfreitag 98 für das Gebiet Berlin/Brandenburg erstellt haben. (Vorhergesagt: Regen, schlecht, kalt. Ist-Zustand: Sonne und sommerlich warm.)

Schlichtend möchte ich noch ein paar Worte zur Mutter aller Diskussionen schreiben: Der Bedeckungsgrad/die Bedeckungsangaben. Bitte glauben Sie mir, kein Nichtmeteorologe auf dieser Welt wird schlußendlich weder den groben, noch den feinen Unterschied zwischen sonnig, heiter, wolkig, stark bewölkt und bedeckt begreifen.

Für den Hörer sind wirklich nur vier ganz simple Dinge entscheidend: **Sonne, Wolken, Regen, trocken.** Diese vier Begriffe kann der Meteorologe mit den Wörtern „viel" und „wenig" anreichern, und wenn das dann in der Reihenfolge auch noch stimmt, sind alle zufrieden. Während meiner Schulungen – personality & presentation – mit Meteorologen haben wir viel Zeit verbracht und dieses Thema in allen Grundsätzen diskutiert, aber immer wieder sind wir bei den vier Elementen: Sonne, Wolken, Regen, trocken angekommen. Das klingt sehr simpel, vielleicht sogar primitiv, aber das ist auch schon alles, was die Menschen von ihrem Radiosender verlangen – kurz, knapp, prägnant.

Dienstleistung durch Kompensation – Wetter als Marketingprodukt
Die folgende kurze Betrachtung wird sicherlich auf scharfe Kritik, wenn nicht sogar Ablehnung stoßen, doch gibt es bereits jetzt Anzeichen, daß diese Entwicklung „Dienstleistung durch Kompensation" auch im Bereich Wetter eintreten wird. In spätestens fünf Jahren wird kaum noch eine Radiostation (im privaten Rundfunk) in Deutschland die Wetterdienstleistung auf dem herkömmlichen Weg bezahlen.

Vielmehr wird die Dienstleistung durch den entsprechenden Marketingwert ausgeglichen. Derzeit wird die Wettergrundversorgung für eine private Radiostation (lokal) monatlich auf drei- bis viertausend DM taxiert, bei landesweiten Sendern gehen die Wetterfirmen (auch der DWD) von sechs- bis neuntausend Mark monatlich aus. Wohlweislich wird dieser Preis nur taxiert, denn keine Radiostation zahlt diese Summe. Diese Preise sind auch gar nicht mehr zu erzielen, denn es gibt immer mehr private Radiostationen. Der Werbekuchen, von dem diese Stationen leben, hat aber nur hundert Prozent. Diesen Werbekuchen müssen sich also immer mehr teilen, der Inhalt hat aber in den vergangenen Jahren abgenommen (die führenden Werbekombis bundesweit haben in den vergangenen zwei Jahren im privaten Hörfunk rückläufige Umsatzzahlen).

Im Klartext: Alle Radiostationen (vor allem die lokalen) haben ein sehr geringes Budget für redaktionelle Inhalte. Gespart wird, wo es nur irgendwie möglich ist, selbstverständlich auch beim Wetter.

Die Programmdirektoren stehen vor der schwierigen Aufgabe, vernünftige Wetterinformation ins Programm zu bekommen, die aber nichts kosten darf. Derzeit kooperieren viele Stationen noch mit dem staatlichen Wetter-Unternehmen, sind oftmals aber nicht zufrieden, weil diese Behörde die lokalen Bedürfnisse nicht erfüllen kann.

Eine Senderkette, die bundesweit in den größeren Städten (auch Berlin) erfolgreich im Markt vertreten ist, hat aus dieser Not eine Tugend gemacht. Das behördliche Wetter wurde bereits vor acht Jahren abbestellt, Thermometer mit Außenmeßfühler gekauft, und die Moderatoren müssen beim Wetterbericht aus dem Fenster gucken und den Himmel beschreiben. Bis zum heutigen Tag hat niemand gemerkt, daß diese Senderkette ohne Wetter-Dienstleister arbeitet – erfolgreich!

Einige landesweite Radiostationen haben sich eine eigene Wetterredaktion eingerichtet. Sie arbeiten äußerst erfolgreich mit Wettermeldern im gesamten Sendegebiet (Antenne Bayern/BB-Radio) zusammen und nehmen, wenn überhaupt, eine Vorhersage pro Tag vom Wetter-Dienstleister ab.

In Zukunft müssen sich die Wetterfirmen/-Dienstleister im Hörfunkgeschäft verstärkt auf Kompensation einlassen, um dabei zu sein. Der Wetter-Dienstleister bekommt Sendezeit zur Verfügung gestellt, kann in diesem Rahmen seine Serviceleistungen anbieten (0190er-Telefon-Nummern, Faxabruf usw.) und bekommt maximal als finanzielle Gegenleistung die Leitungs- und Produktionskosten ersetzt, der Rest wird über die Marketingleistung gegengerechnet.

Für Meteorologen mag diese Zukunftsmusik nicht schön klingen, aber Radio ist ein Produkt, mit dem Geld durch Werbung verdient werden soll. Das, was Sie als Radio bezeichnen, Musik, Nachrichten, Beiträge, Service – WETTER + Verkehr –, nette Moderatoren und pfiffige Reporter, ist nur Mittel zum Zweck. In erster Linie will und soll Ihr privates Lieblings-Radio Geld verdienen.

Sven Bargel ist seit 14 Jahren als Reporter/Moderator im privaten Rundfunk-Bereich in Berlin tätig. Er beschäftigt sich u. a. mit Wetter-Präsentation und Wetter-Marketing.
E-mail: sven.bargel@primus.t-online.de

3.3 Wetter in der Tagespresse
Wolfgang Scharfe

1. Einleitung
Seit der ersten Konferenz dieser Art im Jahre 1991 hat sich das wissenschaftliche kartographische Aufgabenfeld der „Presse-Karten" in Richtung auf „Massenmedien-Karten" und auf „Infographiken" weiterentwickelt. Die „International Conference on Mass Media Maps" im Juni 1997 in Berlin bot erstmals die Gelegenheit, das vielfältige Geschehen der letzten 20 Jahre auf diesem Sektor in Europa und Nordamerika zu diskutieren und zu dokumentieren. Wetter-Präsentationen bildeten ein wichtiges Thema auf dieser Tagung, auch wenn in Deutschland weder von der Meteorologie noch von der Infographik her der Drang zur Zusammenarbeit erkennbar ist. Sieht man einmal von Angela Jansen als einer der wenigen systematischen Analytikerinnen im Metier der Infographiker ab, so taucht die Wetter-Karte in der Welt der Infographik nicht auf. Die Ursache für diese Abstinenz ist in erster Linie wohl darin begründet, daß die Visualisierung meteorologischer Daten traditionell in den gleichen Händen liegt wie deren Gewinnung und Weiterverarbeitung, nämlich in meteorologischen; andererseits ist Meteorologie – noch – kein Ausbildungsthema für Infographiker.

Als Infographiken werden primär unter dem Gesichtspunkt des Informationstransfers gezielt hergestellte und eingesetzte graphische Darstellungen in Massenmedien bezeichnet, die dem Medienbenutzer diejenigen Informationen rasch bzw. rascher vermitteln, die mit Text allein nicht oder nur schwer ausgedrückt werden können.

An unserem Institut an der FU Berlin haben sich zwei Mitarbeiter mit Wetterkarten in Zeitungen beschäftigt. Im Januar 1990 legte Jörg Brandenburger seine Diplomarbeit mit dem Titel „Analyse und Typologie der Wetterkarte in der bundesdeutschen Tagespresse" vor. In dieser Arbeit wurden erstmals aus kartographischer Sicht Methoden zur Analyse von Wetterkarten entwickelt und zugleich die Merkmale von Zeitungswetterkarten für den Zeitraum 1986–1989 dargestellt. Ralf Bitter folgte dann im Dezember 1992 mit der empirischen Untersuchung „Die Zeitungswetterkarte und ihr Benutzer". Hier wurde untersucht, welche Medien die Öffentlichkeit als Zugang zu Wetterinformationen nutzt, welche Wetterinformationen dabei inhaltlich im Vordergrund stehen und welche der 1992 veröffentlichten Wetterkarten bevorzugt und abgelehnt werden.

2. Grundbegriffe
Was kennzeichnet
a) die Wetterinformationen und
b) die Massenmedien, insbesondere die Tagespresse?

a) *Wetterinformationen* gehören – um einen Begriff von Dieter Walch aufzunehmen – zur „high involvement information", vergleichbar mit Informationen über Kriege und Seuchen, die das eigene Volk heimsuchen, oder über Staus auf Autobahnen zur Urlaubszeit und den Arbeitslosenquoten zum Monatsanfang.

Die „hohe Betroffenheit" der Menschen vom Wetter läßt sich durch folgende Parameter kennzeichnen:
1 **Alle** Menschen sind betroffen, unabhängig von ihrer sozialen Stellung, sofern sie nicht bereits permanent in Kultur-Containern leben.
2 Die Menschen sind **täglich** betroffen.
3 Die Menschen sind **in zentralen Lebensbereichen** betroffen – sowohl bezüglich des allgemeinen Wohlbefindens als auch in bezug auf ihre Bewegungs- und Funktionsfähigkeit.

Diese Parameter erklären, warum in *allen* aktuellen Massenmedien Wetterinformation angeboten wird – statisch oder dynamisch, linear oder konfigurativ, auditiv oder visuell.

b) Zu den *Massenmedien* zählen wir die Gesamtheit der Publikationsmittel, die sich an ein breites, räumlich verstreutes Publikum wenden. Im Zentrum des Interesses stehen hier Tageszeitungen, Hörfunk und Fernsehen als diejenigen Medien, die aktuelle Informationen relativ rasch einem breiten Publikum darbieten können.

Denn Wetterinformationen sind nur in aktuellem Zustand – vom Zeitpunkt ihrer Ausgabe bis etwa 8–9 Stunden im voraus – interessant, weil sie als Entscheidungshilfen für Ereignisse in dieser Zeit verwendet werden.

Randlich gehören auch Bildschirm- und Videotext zu den Massenmedien, während das Internet sich durch ein zu hohes „Intelligenz-Niveau" noch von den Massenmedien abgrenzt.

Die Breite des Publikums bedingt, daß die Informationen allgemein verständlich sein müssen – sofern nicht kleine elitäre Zielgruppen das Medium bestimmen –, aber andererseits auch den unterschiedlichen Bedürfnissen des Publikums entsprechen müssen.

Die Tagespresse unterliegt im Gegensatz zu Hörfunk und Fernsehen der Beschränkung, daß ihre Informationen in Deutschland in der Regel nur einmal täglich verfügbar sind. Zeitungsnachrichten veralten damit rascher als die Nachrichten – auch und gerade über das Wetter – in Hörfunk und Fernsehen. Der Vorteil, daß Zeitungen leicht transportierbar und – anders als Radio und Fernsehen – ohne Hilfe von Geräten nutzbar sind, wird bezüglich der aktuellen Wetterinformation gegenstandslos; denn die Frage „Was ziehe ich heute an?" oder „Was unternehme ich heute?" muß sehr häufig vor dem Kauf einer Tageszeitung beantwortet werden.

In der Konkurrenz der Massenmedien beim Wetterbericht steht nach Bitter (1992) das Radio als primäre Informationsquelle mit 60% an erster Stelle, gefolgt vom

Fernsehen (etwas über 30%) und der Tageszeitung (10%). Diese klare Priorität erklärt sich wohl vor allem dadurch, daß das Radio als rein auditive Informationsquelle bei den morgendlichen vorberuflichen visuell ausgerichteten Tätigkeiten quasi nebenher zur Aufnahme auch von Wetterinformationen genutzt werden kann – präzise zum Zeitpunkt der Entscheidung über Kleidung resp. Aktivitäten des Tages. Im Gegensatz dazu erfordern Zeitung und Fernseher jeweils die volle visuelle Konzentration, und dafür fehlt in der Regel zwischen Aufstehen und Arbeit die Zeit oder die Aufmerksamkeit.

3. Wetter und Tagespresse – Versuch einer Periodisierung

Ungeachtet des lediglich 3. Ranges, den Tageszeitungen als primäre Informationsquelle für Wetterinformationen unter den deutschen Massenmedien einnehmen, soll dieser Beitrag die Entwicklung der Wetterkarten in deutschen Tageszeitungen zum Inhalt haben. Die Darstellungen konzentrieren sich auf die Veränderungen der letzten 10–12 Jahre und beruhen auf ersten Untersuchungen zu diesem Thema; die Ergebnisse können daher noch nicht als umfassende und abschließende Analysen gelten.

Den Untersuchungen liegen 110 Wetterkarten aus 56 deutschen Tageszeitungen zwischen 1881 und 1998 zugrunde, und zwar mit zeitlichen Schwerpunkten in den Jahren 1986, 1993 und 1997/98. Für die Sammlung und Bereitstellung von Wetterkarten aus deutschen Tageszeitungen möchte ich Ralf Bitter an dieser Stelle herzlich danken.

Periode 1: *Ein Jahrhundert ohne Wandel, 1881–1986*
Am 7. November 1881 veröffentlichte das „Berliner Tageblatt" (Abb. 1) als erste Berliner Zeitung eine Wetterkarte, basierend auf Daten der 6 Jahre zuvor gegründeten Deutschen Seewarte in Hamburg. Dem begleitenden Bericht ist zu entnehmen, daß in Deutschland zuvor lediglich eine Magdeburger Zeitung und zwei Hamburger Blätter schon Wetterkarten auf der Grundlage der gleichen Datenquelle abgedruckt hatten.

Der Wetterbericht besteht im wesentlichen aus drei Teilen:
– der einfarbigen Wetterkarte von Mitteleuropa (10.3 cm x 10 cm/M 1:22 Mio.),
– der Erklärung der verwendeten Kartenzeichen sowie
– einer textlichen „Übersicht der Witterung", wie er aus der Karte für den Fachmann bezüglich Luftdruck und Wetter hervorgeht.

Diese Form der Darstellung, die sowohl dem Laien über den Text als auch dem meteorologisch Gebildeten über die „meteorologische Wetterkarte" die vollständige Information liefert, kann als vorbildlich bezeichnet werden. Der Informationsstand von 8 Uhr am Morgen wird allerdings erst in der Abend-Ausgabe des gleichen Tages präsentiert.

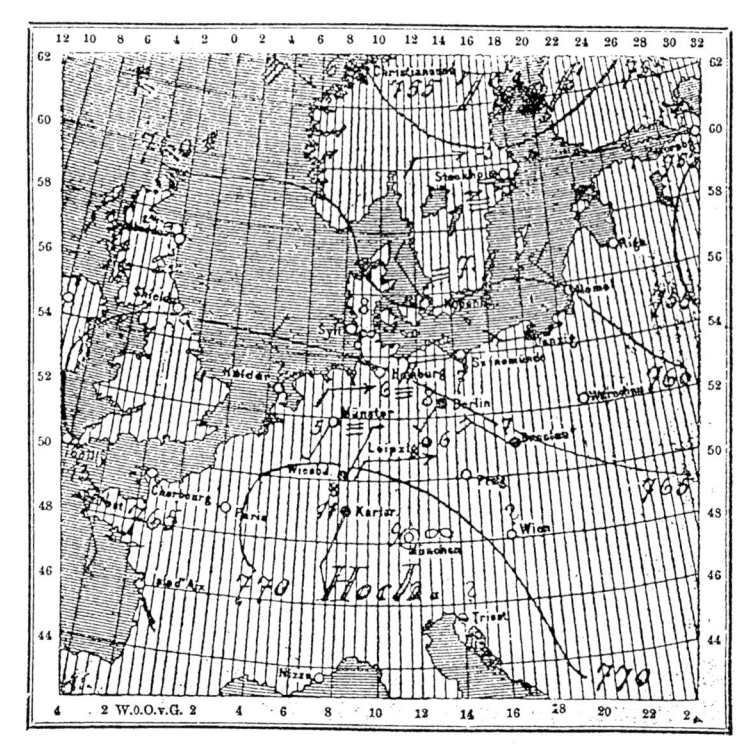

Abb. 1: „*Berliner Tageblatt*", *Abend-Ausgabe, 7. 11. 1881*
(Quelle: FU-Berlin, Mikrofilm-Archiv)

Diesen Mangel behebt wenig später ein Prognose-Text für den nächsten Morgen; auch die Zahl der in den Wetterkarten dargestellten Stationen wächst im Vergleich zur Karte vom November 1881 rasch erheblich an.

Die „Vossische Zeitung" ergänzt diese Angaben dann durch eine Liste von 20 Orten (17 D, 3 Eu) mit Wetter und Temperatur in Grad C – allerdings ohne Terminangabe.

Macht man nun einen Zeitsprung in das Jahr 1933 und greift zu einer Hamburger Zeitung aus diesem Jahre (Abb. 2), so hat sich hier prinzipiell insofern etwas verändert, als die Zeichenerklärung fehlt: Für den meteorologischen Laien ist die weiterhin „meteorologische Wetterkarte" jetzt wertlos. Geht man aber davon aus, daß dieser Mangel nicht unbedingt repräsentativ für diese Zeit sein muß, so ist zwischen 1881/90 und 1933 kaum ein Wandel zu konstatieren.

Der Ausschnitt der Erde, den die Wetterkarte (7.5 cm x 9.5 cm/M 1:30.5 Mio.) zeigt, wurde vor allem in Richtung Island und Grönland vergrößert, Maßstab und Kartenfläche aber sind kleiner geworden. Dadurch hat die Karte nicht unbedingt an

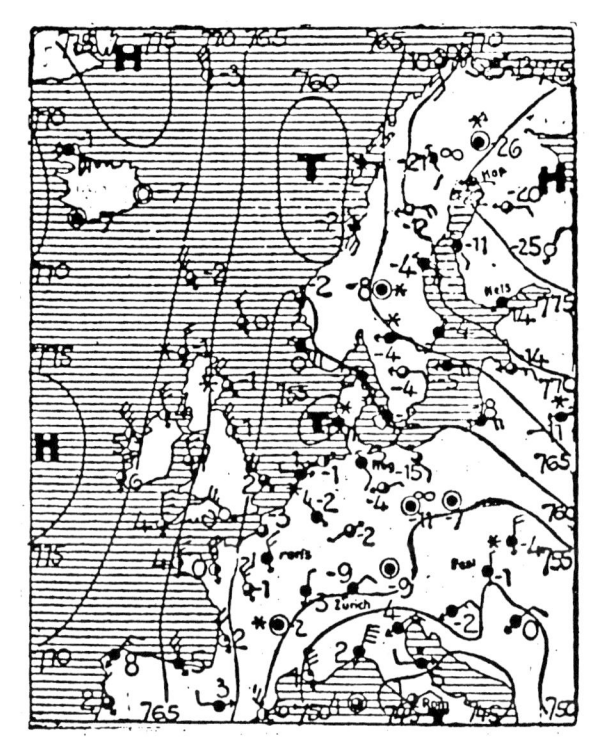

Abb. 2: „Hamburger Zeitung", 22.2.1933

Übersichtlichkeit gewonnen. Der Text gliedert sich zum einen in Wetterlage und Voraussage, zum anderen regional in zwei Teile, nämlich einen für Hamburg und die Umgebung – den direkten Bezugsraum dieser Tageszeitung – sowie einen für das Deutsche Reich.

Periode 2: *Von der „meteorologischen" zur „bildhaften Wetterkarte", 1986–1993/94*
Der nächste Zeitsprung in das Jahr 1986 läßt beim Vergleich von 20 bundesrepublikanischen Zeitungs-Wetterkarten eine ausgesprochen negative Monotonie erkennen, aber auch den Beginn eines Wandels.

Hauptmerkmale der Zeitungs-Wetterkarten sind im Jahre 1986 (s. Abb. 3):
1 das de facto-Monopol des Deutschen Wetterdienstes für meteorologische Daten und die Wetterberichte mit ihren „meteorologischen Wetterkarten";
2 Wetterkarten mit von den jeweiligen Zeitungen bestimmten, überwiegend kleinen Kartenformaten (z. B. 5 cm x 6.5 cm

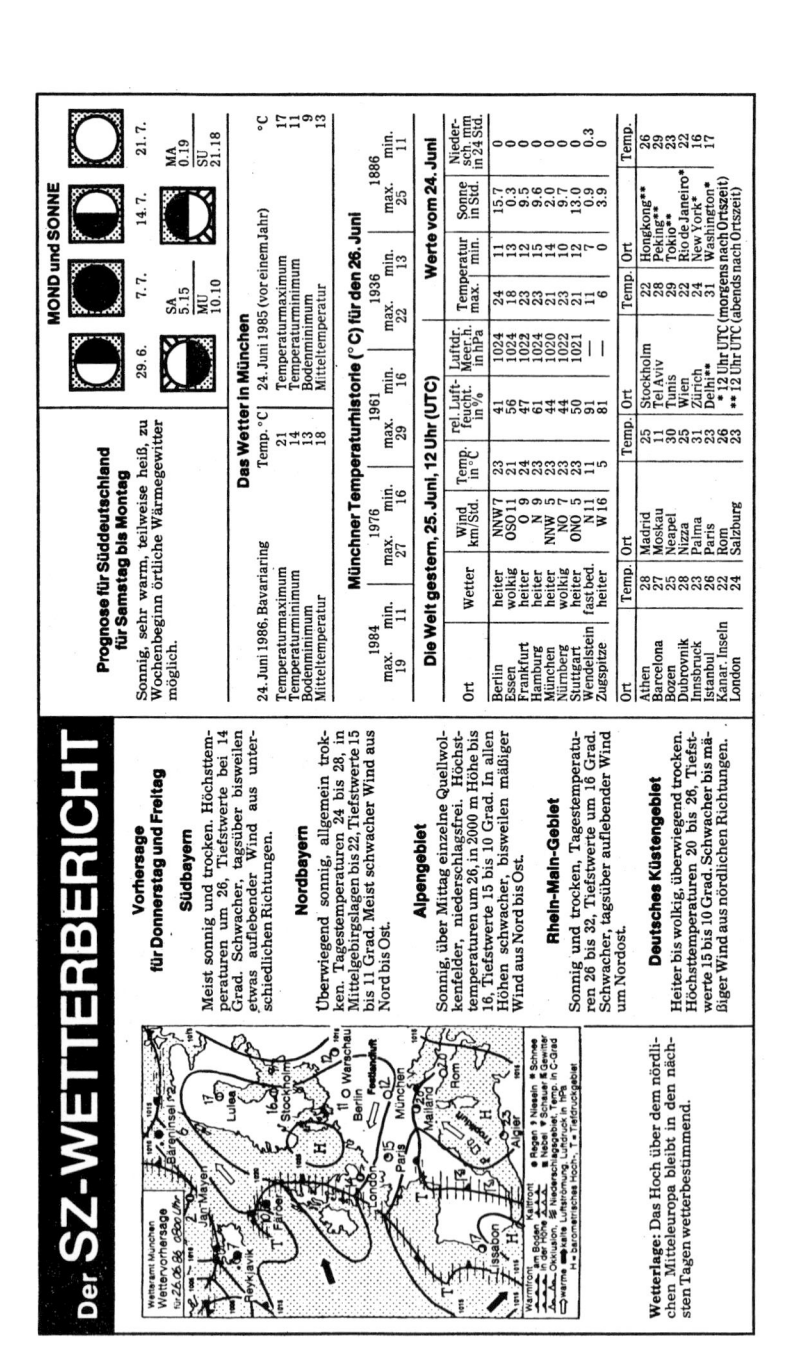

Abb. 3: „Süddeutsche Zeitung", 26. 8. 1986

„SZ"/4.3 cm x 5.5 cm, „Tagesspiegel") und mit wenig Inhalt für den meteorologisch ungebildeten/ungeübten Zeitungsleser sowie
3 Texte zu den Wetterlagen, die sich fast ausschließlich auf Hoch- und Tiefdruckgebiete beziehen.
4 Den Vorhersagen läßt sich häufig nicht entnehmen, für welche Zeit sie gelten: Für den Vormittag des Erscheinungstages oder für einen der folgenden Tage.
5 Man fühlt sich teilweise um 100 Jahre zurückversetzt, wenn Wetter und Temperatur für deutsche und ausländische Stationen vom Vortage oder von zwei Tagen zuvor abgedruckt werden.

Neue Elemente dieser Jahre in Wetterberichten sind
– *Satellitenbilder* und
– *Wetterkarten mit ausschließlich bildhaften Zeichen* für den Grad der Bewölkung und bestimmte Wettersituationen: „Bildhafte Wetterkarten".

Satellitenbilder als Beweise modernster Datenaufnahmetechnik in dieser Zeit werden ganz offensichtlich in ihrem Informationsgehalt überschätzt und können – wozu die damalige Drucktechnik für Zeitungen erheblich beiträgt – lediglich zur Grobdarstellung der Wolkenbedeckung verwendet werden. In einigen Fällen hat man Satellitenbilder sogar ohne jede Erläuterung abgedruckt (Abb. 4).
Die damit ausgedrückte Geringschätzung des Transfers von meteorologischen Informationen wird auch von den frühen „bildhaften Wetterkarten", welche die meteorologischen Traditionen eines ganzen Jahrhunderts beenden, in vielen Fällen praktiziert:
– Die „Westdeutsche Allgemeine Zeitung" positioniert die Wolkenbilder weder eindeutig – Kanal (London-Brüssel), Mailand-München, Biscaya – noch sind Karte und Tabelle aufeinander abgestimmt (Paris Karte: bewölkt, Text: Nebel) oder die Zeichen dafür erläutert und durch Temperaturen ergänzt; auch der Zeitpunkt der Gültigkeit der Karte ist nirgendwo vermerkt.
– Die Wetterkarte der „Westdeutschen Zeitung" (Abb. 5) enthält für die damalige Bundesrepublik nur vier und für Berlin ein bildhaftes Zeichen mit Temperaturangaben, aber keinerlei Legende oder Zeitangaben zur Gültigkeit der Informationen.
– Wie genau die Redaktion es mit der Zeitstellung der Angaben nimmt, zeigt der „Wetter-Report" rechts:
oben „Schweden: Heute Regen, morgen Wetterberuhigung, 20 Grad..,":
unten („Drei-Tage-Vorhersage").
– Die DDR und die Tschechoslowakei haben kein Wetter.
– Ganz nebenbei wurde Schlesien wieder deutsch.

Die gleichberechtigte Bedeutung, die in der Mehrzahl der „meteorologischen Wetterkarten" dieser Zeit Reykjavik, Bonn, Palma und Tunis eingeräumt wird, deutet auf die Beibehaltung

Meteosat-Bild, Mittwoch, 12 Uhr   ● = Orientierungspunkt Pfalz

Das Wetter: Trocken und heiß

Das Meteosat-Bild: Ein schmales Wolkenband ist erkennbar, das von den Britischen Inseln über die östliche Nordsee und Nordwestdeutschland bis zu den Ostalpen reicht.
Wetterlage: Wetterbestimmend für unser Gebiet bleibt ein Hoch, mit Schwerpunkt über der Nordsee.

Vorhersage für Donnerstag: Sonnig und trocken. Nachmittags vor allem im Bergland zeitweise wolkig. Nachts klar. Tageshöchsttemperaturen 26 bis 30 Grad. Tiefstwerte 16 Grad. Schwacher Wind aus Südwest.
Aussichten bis Samstag: Sonnig und heiß. Zunehmende Schwüle.

Wetter und Temperaturen (Grad Celsius) am Mittwoch, 14 Uhr (MESZ)

Deutschland			München	heiter	22	Moskau	bedeckt	11
Sylt	bedeckt	16	Oberstdorf	heiter	23	Bozen	heiter	27
Hamburg	heiter	23	Zugspitze	heiter	5	Venedig	heiter	28
Hannover	wolkig	21	Leipzig	heiter	22	Rom	klar	26
Berlin	wolkig	24	**Ausland**			Athen	heiter	31
Köln-Bonn	wolkig	22	Zürich	heiter	24	Barcelona	-	-
Frankfurt	heiter	24	Wien	wolkig	22	Las Palmas	wolkig	22
Bad Kissingen	heiter	23	Stockholm	heiter	23	Tunis	klar	29
Mannheim	heiter	25	London	wolkig	24	Tokio*	Regen	23
Saarbrücken	heiter	23	Paris	heiter	24	Peking*	bedeckt	29
Stuttgart	heiter	23	Nizza	heiter	25	New York*	heiter	17
Freiburg	heiter	25	Dubrovnik	klar	28	*7.00 Uhr MESZ		

Rheinwasserstände
Konstanz 451 (+4), Rheinfelden 352 (+7), Maxau 619 (+2), Speyer 532 (-4), Mannheim 483 (+6), Worms 382 (+10), Mainz 416 (+4), Bingen 288 (+4), Kaub 353 (+3), Koblenz 335 (+3), Köln 436 (-7).

Heute (in Ludwigshafen)
Sonnenaufgang 5.18 Uhr
Sonnenuntergang 21.39 Uhr
Mondaufgang 0.37 Uhr
Monduntergang 10.16 Uhr

Abb. 4: „Die Rheinpfalz", 18. 6. 1986

der meteorologischen Traditionen hin, den nördlichen Atlantik als Teil der für Europa relevanten „Wetterküche" in das Berichtsgebiet mit einzubeziehen. Dahinter steht der Drang der meteorologischen Kartenmacher zum „genetischen" Wetterbericht, der vom Leser meteorologische Kenntnisse erfordert, wie dies noch zu einer Zeit vorausgesetzt werden konnte, als die Lektüre einer Zeitung zum Privileg des Bildungsbürgertums gehörte. Diese Voraussetzung traf in den 80er Jahren – wenn überhaupt – vielleicht für einen Teil der Leser von „Elite"-Zeitungen noch zu.

Der Einsatz der Satellitenbilder und die ersten Versuche zur Popularisierung der traditionellen Wetterkarten durch bildhafte Zeichen konnten sich in dieser Form nicht halten; doch ein Anfang war gemacht.

Als weitere Beispiele des Wandels der Wetter-Präsentation in der Tagespresse aus den Jahren 1988–1991 möchte ich am Beispiel des Deutschen Wetterdienstes, der mehrfach prototypische Darstellungen entwickelt hat, einige Experimentalformen von Wetterkarten vorstellen:

1988:
Abb. 6 zeigt eine sehr traditionelle Darstellungsform von Text und Karte, die sich im wesentlichen nur durch die reprotechnischen Fortschritte von ihren Vorgängern von 1890 und 1933 unterscheidet. Der Schwerpunkt der meteorologischen Informationen liegt bei der Temperatur. Die Karte ist unübersichtlich.

1989-0
Der Kartenausschnitt und der Darstellungsstil haben sich grundlegend verändert: Der Nordteil Skandinaviens ist entfallen; dafür wurden große Teile Ost- und Südosteuropas und des östlichen Mittelmeeres sowie Nordafrika einschließlich der Kanarischen Inseln neu aufgenommen – wichtige deutsche Urlaubsgebiete. Isobaren sind verschwunden, die traditionellen punkthaften durch bildhafte Zeichen ersetzt. Ungelenke Finger haben Fronten, Zeichen, Zahlen und Buchstaben in die Karte eingetragen. Eine Legende sucht man vergeblich.

1989-1
Kartenausschnitt und -inhalt haben sich im Vergleich zum Null-Experiment nicht verändert, wenn auch die Kartenfläche verkleinert wurde. Eine Legende ist ergänzt und die Karte offenbar EDV-gestützt hergestellt worden. Der Text entspricht dem Zustand von 1988.

1989-2
Die Form der Wetterkarte entspricht 1989-1, wurde aber um eine zusätzliche reine Isobaren- und Frontenkarte Mittel- und Nord-

Das Wetter

Kühle Meeresluft

Ein Tief über Nordwestdeutschland bestimmt mit kühler Meeresluft das Wetter in Nordrhein-Westfalen.

Vorhersage

Unbeständig. Stark bewölkt bis bedeckt und teils schauerartiger, teils länger andauernder Regen. Nachmittagstemperaturen 11 bis 14 Grad, im Bergland bei 8 Grad. Tiefstwerte in der kommenden Nacht um 7 Grad. Mäßiger, tagsüber zeitweise böeig-auffrischender Wind aus westlichen Richtungen.

Aussichten

Zunächst noch keine durchgreifende Änderung.

So war es

6. 6. 1960: niedrigste Temperatur (min.) 15,2, Höchsttemperatur (max.) 29,2, Niederschlag (mm) 0,0, Sonnenstunden (So.) 13,0.
6. 6. 1970: max. 25,1, min. 10,1, 0,2 mm, 12,4 So.
6. 6. 1980: max. 28,9, min. 13,2, 0,0 mm, 12,9 So.

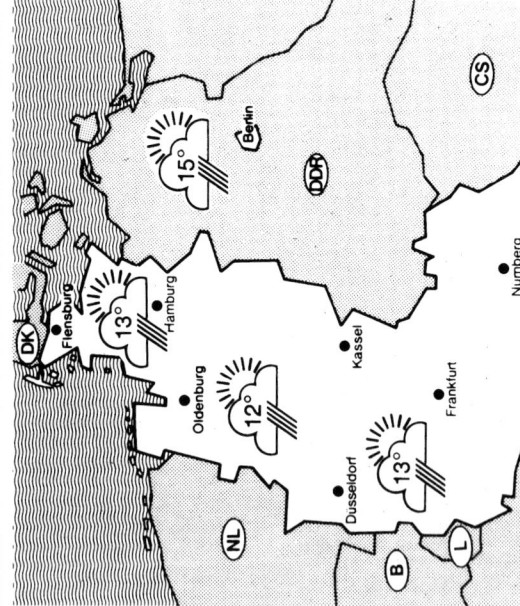

Wetter-Report

Ferienziele

Schweden: Heute Regen, morgen Wetterberuhigung, 20 Grad. **Dänemark:** Regen, 15 Grad. **England, Irland:** Wolkig, 15 Grad. **Benelux und Nordfrankreich:** Bewölkt, 17 Grad. **Südfrankreich:** Teils heiter, teils wolkig, 20 Grad. **Österreich, Schweiz:** Im Norden bewölkt, 10 Grad. Südlich der Alpen heiter bis wolkig, 18 Grad. **Italien, Korsika, Balearen, Malta:** Bewölkt, im Norden 14, im Süden 17 Grad. **Jugoslawien:** Regen, 20 Grad. **Griechenland, Türkei:** Heiter bis wolkig, 25 Grad. **Tunesien, Algerien, Marokko:** Im Norden Schauer, um 25, im Süden sonnig, 33 Grad. **Spanien:** Heiter, später Regen, 25 Grad. **Madeira:** Sonnig, 25 Grad. **Kanarische Inseln:** Heiter bis wolkig, 25 Grad. (Drei-Tage-Vorhersage)

In aller Welt

Singapur, 32, bewölkt. **Hongkong,** 29, bewölkt. **Peking,** 31, heiter. **Tokio,** 21, bewölkt. **New York,** 18, bewölkt. **Los Angeles,** 16, bedeckt. (Gestern mittag)

Abb. 5: *„Westdeutsche Zeitung", 6. 6. 1986*

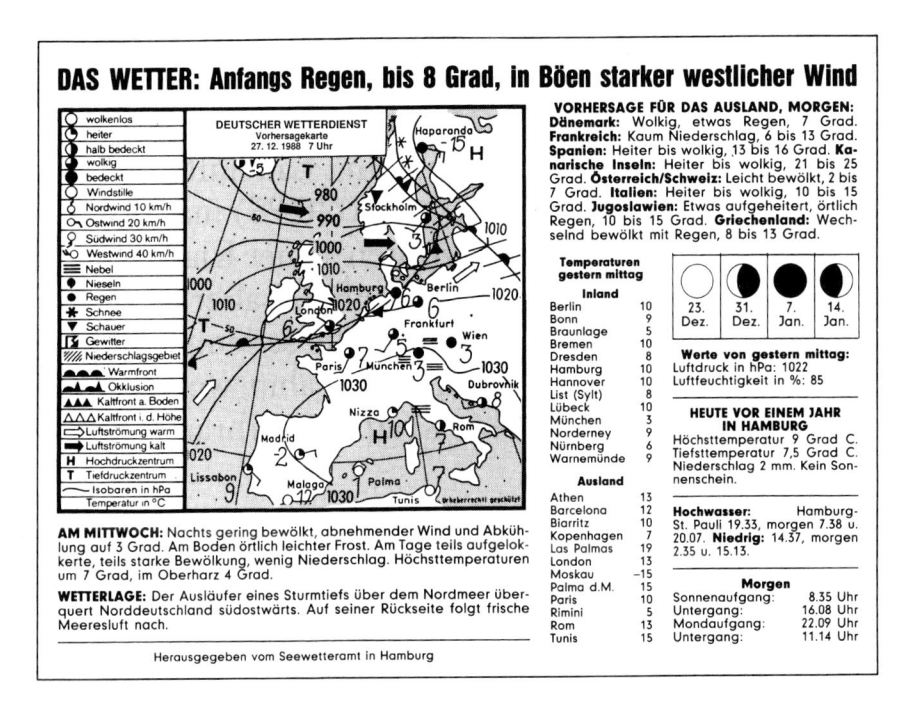

Abb. 6: „Hamburger Abendblatt", 27.12.1988

europas ergänzt – die Traditionalisten schlagen zurück. Das Übergewicht der Temperaturangaben ist durch Niederschlagswerte reduziert worden.

1990/91

Die Isobaren sind mit kräftigen Linien und Zahlen in die Wetterkarte zurückgekehrt (s. Abb. 7), die Kartenzeichen reduziert worden. Für Brillenträger wird die visuelle Identifizierung der Zeichen schon problematisch. Die Anzahl der Stationen in Deutschland und Europa mit Angaben zu Temperatur und Wetter ist im Vergleich zu den 1989er Versionen erheblich erhöht worden, aber in unübersichtlicher Form als fortlaufender Text anstelle einer Liste – und mit den Daten vom Vortag –, als gäbe es keine europaweite Wetterprognose!!

Charakteristisch für die Periode 1986–1993/94 war die Suche nach Präsentationsformen und Inhalten, die
- den neuen EDV-Möglichkeiten,
- der zunehmenden Medien-Konkurrenz und
- dem Bestreben, möglichst viele Medien-Nutzer zu erreichen und zu halten, gerecht werden sollten.

Bevor Beispiele der aktuellen Wetterpräsentation in der Tagespresse betrachtet werden, sollen die Untersuchungen von Ralf Bitter (1992) über die Erwartungen von Zeitungslesern bezüglich der Wetterinformationen vorgestellt werden.

Die Antworten auf die Frage „Was interessiert Sie am Wetter?" lassen sich in drei Gruppen aufteilen:
– Eine deutliche Mehrheit = mehr als etwa 75% benannte:
Temperatur – Niederschlag – weitere Angaben
– Eine Minderheit = 26.7% bzw. 21.7% benannte: Wind – Bewölkungsgrad
– deutlich unter 20%: Lage Hoch und Tief – Lage Wetterfronten

Die Antworten auf die in Berlin gestellte Frage „Welches Gebiet interessiert Sie bei der Wettervorhersage?" lauteten in der Kategorie „immer":
Berlin 91%, Berlin-Brandenburg 42%, Deutschland 28%, Europa 12%.

Als Antworten auf die Frage „Wofür interessieren Sie das Wetter?" gab es wiederum drei deutlich unterschiedliche Gruppen:
– eine Mehrheit (85%–67%): Freizeitplanung – Wahl der Kleidung
– eine Minderheit (36%–25%): Wahl des Verkehrsmittels – Stimmungslage
– unter 20%: gesundheitliche Gründe – berufliche Entscheidungen

Bei der Frage nach der bevorzugten Form der Wetterinformation in Zeitungen ergaben die Antworten ein Verhältnis zwischen

	Text		Karte		und Tabelle
von etwa	52%	zu	31%	zu	27%

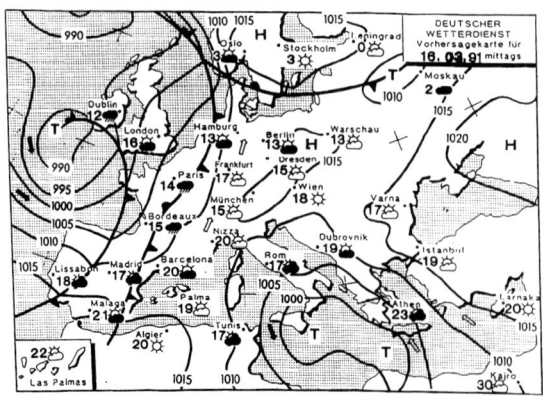

Abb. 7: „Frankfurter Rundschau", 16. 3. 1991

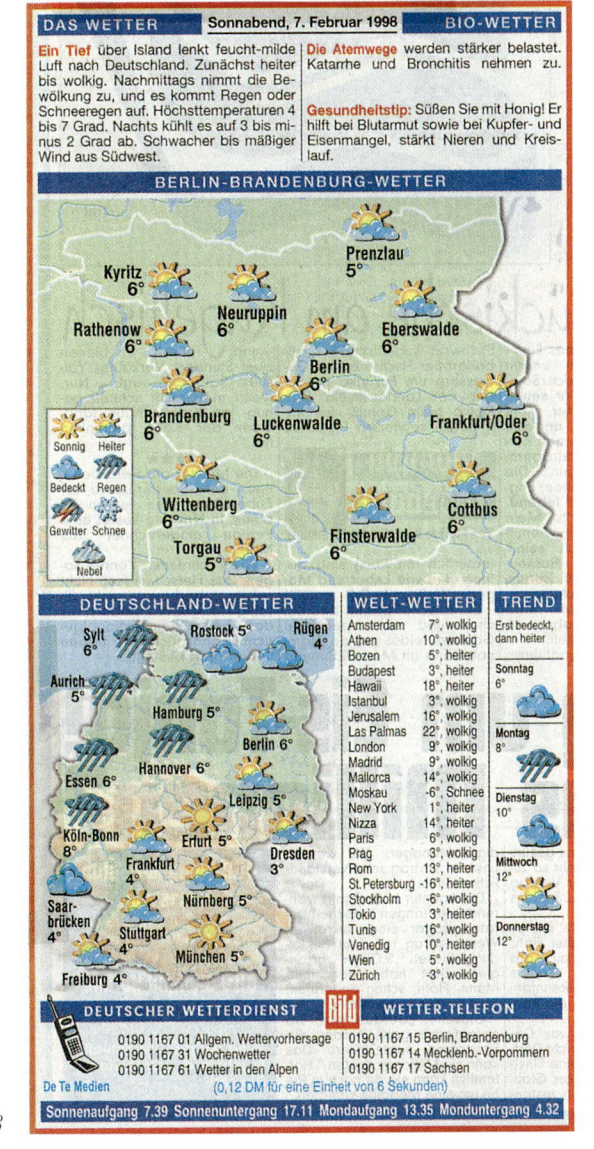

Abb. 8: *„BILD", 7.2.1998*

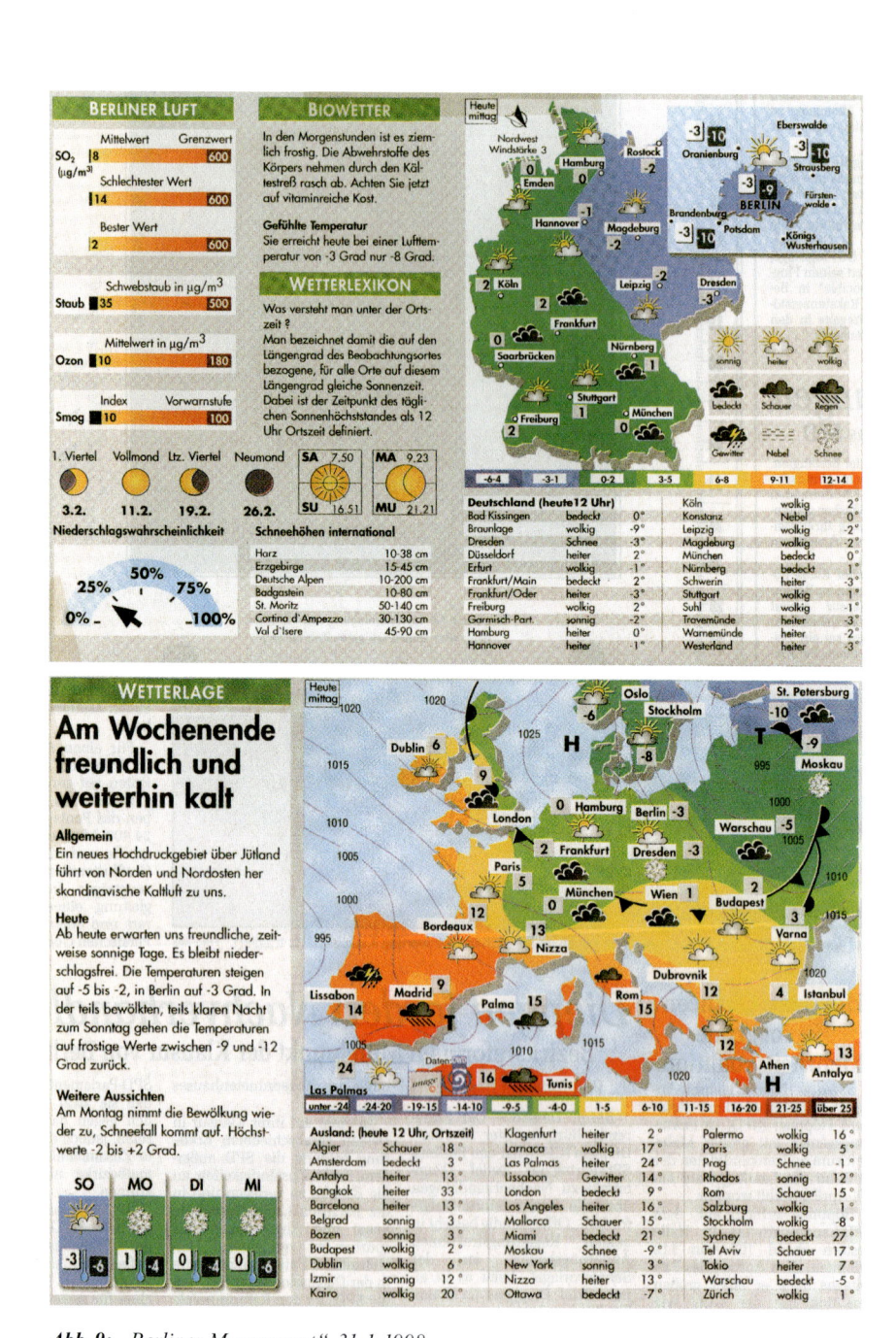

Abb. 9: „Berliner Morgenpost", 31.1.1998

Periode 3: *Die „bildhafte Wetterkarte" wird farbig – etwa seit 1993/94*
Der Wandel,
- wie er sich seit der Mitte der 80er Jahre andeutete,
- an der Wende von den 80er zu den 90ern dann beschleunigte,
- erhielt etwa seit 1993/94 durch den Einsatz flächenhafter Farben vor allem für Temperaturen einen völlig neuen Impetus.

„**Farbe**" wurde zum auffälligsten Element, welches das Bild der Wetterinformationen in weiten Bereichen der Tagespresse bestimmte. Andererseits erfolgte in dieser Periode auch eine deutliche inhaltliche Hinwendung zum Service-Konzept beim Wetterbericht durch die Erweiterung des Informationsangebots in Karten- und Textform.

Der Vergleich zwischen der Zeit 1986–1993/94 und dem aktuellen Zustand von 1997/98 ergibt folgende Veränderungen:
1. eine generelle Zunahme der Fläche und der Kartenzahl für den täglichen Wetterbericht:
   - Flächen von 1/4 Seite (maximal 1/2–2/3 Seite) für den Wetterbericht sind keine Seltenheit mehr, und
   - anstelle von einer Karte erscheinen 2–3 Karten zugunsten der nunmehr gleichberechtigten regionalen und nationalen Aspekte im Verhältnis zur ehemals dominierenden „Europa-Karte";
   - teilweise sind die Wetterberichte durch weitere graphische Informationselemente („Multimedia"-Effekt) ergänzt oder mit Verkehrshinweisen kombiniert.
2. die Berücksichtigung des Aspekts „Stimmungslage" durch Angaben zum „Biowetter", zum „Pollenflug" und zur „Luftverschmutzung" sowie
3. die Differenzierung der Leserbedürfnisse in Richtung auf unterschiedliche Informations-„Tiefe":
   - eine „Blitz"-Information auf der 1. Seite oder der 1. Regionalseite,
   - ein davon getrennter ausführlicher Wetterbericht – meist auf der Rückseite eines „Buches", in einigen Zeitungen aufgeteilt in einen Regionalbericht im Regionalteil und einen nationalen bzw. Europa-Bericht im allgemeinen Teil sowie
   - im Haupt-Wetterbericht Hinweise auf allgemeine und spezielle Telefon-Wetterdienste (Abb. 8).

Werden die Zeitungen nach „Boulevard", „Lokal/Regional" und „Elite" differenziert, so ergeben sich vor allem folgende Unterschiede:
„Boulevard"-Zeitungen:
  Generell Einsatz von Farbe bei den Karten (vorwiegend Region und Deutschland), dazu als Standard „Biowetter" und „Luftverschmutzung"; frontale Prozesse treten zurück oder fehlen ganz;

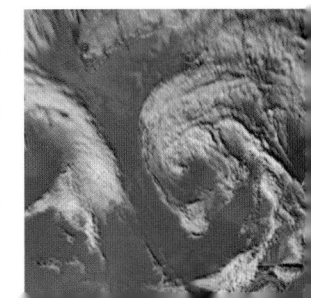

Lokal- und Regional-Zeitungen:
Farbige Karten (Region, Europa, Deutschland) ebenso wie „Biowetter"/„Pollenflug" mehrheitlich vorhanden, frontale Prozesse zu etwa 50 % (s. Abb. 9);
„Elite"-Zeitungen:
Generell einfarbige Darstellung des Wetterberichts, kartographische Betonung von Europa und Deutschland sowie der frontalen Prozesse (Europa); „Biowetter" als Ausnahme; Voraussage regional wie zeitlich deutlich weniger differenziert als bei den beiden anderen Gruppen.

4. Fazit

In den letzten Jahren ist bezüglich der Wetterberichte in der Tagespresse eine unübersehbar positive Entwicklung zu beobachten: In zunehmendem Maße sind die Wetterinformationen inhaltlich differenziert, kartographisch anschaulich und mehrheitlich farbig sowie gezielt auf Bedürfnisse der Zeitungsleser ausgerichtet, wie sie die Untersuchungen von Bitter gezeigt haben.

Es wäre aus kartographischer Sicht vermessen, die noch existierenden Monita hier als gravierend zu betonen – vor allem, wenn man berücksichtigt, daß für den Transfer von Wetterinformationen die Karte im Verhältnis zum Text – möglicherweise – eine nur zweitrangige Rolle spielt. Die Hypothese, daß dieses Verhältnis von Text und Karte die Vernachlässigung der Karte im Unterricht der allgemeinbildenden Schulen in Deutschland widerspiegelt, gewinnt nicht nur in diesem Zusammenhang an Wahrscheinlichkeit. Andererseits kann nicht übersehen werden, daß durch den Funktionswandel von „Wetter" in der Tagespresse vom Lernerlebnis zum „Infotainment" kartographische Monita für die meisten Leser kaum nachvollziehbar sein dürften.

Dr. Wolfgang Scharfe ist Professor für Kartographie an der Freien Universität Berlin.
E-mail: scharfe@geog.fu-berlin.de

3.4 Das Wetter als Thema im Lokalteil von Tageszeitungen
Christoph Stollowsky

Bilderbuchwetter, erste Schneeflocken, Trockenheit – dazu fällt vielen gestandenen Journalisten das Wort „Saure Gurken"-Thema ein. Und außerdem: „Hat unser Praktikant noch Zeit für 'ne Wettergeschichte?" Der Stoff ist schließlich Routine. Wer gibt dafür gerne eine spannendere Geschichte auf?

Doch andererseits: Wetterthemen werden von unseren Lesern intensiv verfolgt. Ihr Aufmerksamkeitsgrad ist außergewöhnlich hoch. Das zeigt jede Leserumfrage des Tagesspiegels aufs Neue. Schließlich beeinflußt das Wettergeschehen viele Lebens-

Abb. 1: *Bilderbuchwetter: Wolken a) im Bereich eines Hochs (7. 10. 1993, bei Saalfeld) und b) eines Tiefs (23. 6. 1990 bei Weimar). In beiden Fällen dürften viele Leute einem derartigen Himmelsanblick „schönes Wetter" zuordnen. (Fotos: S. Kämpfe)*

bereiche rund um Arbeit, Freizeit und Gesundheit – vom Gartenbau und Tourismus über Sport, Verkehr, Gastronomie bis zur Wetterfühligkeit. Außerdem erwartet der Leser heute nicht nur eine möglichst übersichtliche und ausführliche Wettervorhersage mit Graphiken und medizinischen Tips (Pollenflug etc.), sondern als Begleitmusik im redaktionellen Teil auch ergänzende Berichte – zumindest, falls unser Wetter mal wieder ein wenig verrückt spielt. Dafür ist dann in der Regel der Lokalteil zuständig.

Solche Himmelsereignisse lassen sich locker-flockig beschreiben, zumal sich Tief „Ina", Hoch „Christel" (oder künftig „Heinz"?) geradezu in die Schlagzeile drängen. Mancher Anfänger hat sich dabei erstes Lob verdient und natürlich die Regel beherzigt, daß Superlative so gut ankommen wie das Guinness-Buch der Rekorde. „Der heißeste Sommer seit 20 Jahren", „der früheste Schneefall des Jahrhunderts": Welcher Meteorologe kennt nicht solche Journalistenfragen?

Keine Frage also: Das Wetter muß in der Tageszeitung journalistisch aufbereitet werden. Das geschieht in Berlin inzwischen häufiger als in anderen Gegenden Deutschlands, was die Meteorologen gewiß erfreut. Doch andererseits drohen zugleich kleinere Verstimmungen zwischen Wetterkundlern und Redaktionen, weil diese Entwicklung nicht allein durch mehr Interesse ausgelöst wird, sondern in erster Linie durch die gewachsene Konkurrenz auf dem hart umkämpften Berliner Zeitungsmarkt.

Journalisten arbeiten zunehmend unter Druck, populäre Themen wie unser Wetter sollen möglichst schnell, aber zugleich ausführlich und natürlich besser recherchiert als in den anderen Zeitungen im eigenen Blatt stehen. Hinzu kommen die gewachsenen Ansprüche des Lesers, eine Haltung, die beim Thema Wetter noch durch einen typischen Charakterzug von Großstädtern verschärft wird: Sie sind in der Regel der Natur recht entfremdet und reagieren entsprechend aufgeregt, gerät ihre gewohnte jahreszeitliche Meteorologie einmal aus den Fugen. Auskünfte von Fachleuten werden an solchen Tagen besonders in der Boulevardpresse übertrieben. „Die Schneewalze kommt", „Infarktwetter droht": Nach solchen Berichten macht dann oft die Furcht die Runde, an der endlosen Hitze oder dem verschmuddelten Winter sei unser achtloser Umgang mit der Umwelt schuld. Noch nie sei das Wetter derart durcheinander geraten.

Natürlich steigen Journalisten darauf ein, obwohl sie erfahrungsgemäß enttäuscht werden, weil der Meteorologe vom Dienst meist gebetsmühlenhaft wiederholt, solche Ausreißer habe es in diesem Jahrhundert schon häufig gegeben. Ein Blick ins Archiv des Tagesspiegels genügt, um dies festzustellen. „Der kälteste März seit 100 Jahren", meldete unsere Zeitung im Ostermonat 1958. Und einer Chronologie von Hitzewellen, 1952 veröffentlicht, ist zu entnehmen, daß sich Droschken und Omnibuspferde während der „heißesten Glut der Kaiserzeit nur mühselig vorwärtsschleppten".

Fazit: Spektakuläre Thesen zum Wetter klingen gut, aber sind meist unseriös und lassen sich selbst durch geschickteste journalistische Fragetechniken nicht bestätigen. Solchen Frust müssen Redaktionen ebenso häufig ertragen wie die ungeliebte Auskunft der „Wetterfrösche", Langzeitprognosen über ein bis zwei Wochen seien gleichfalls nicht seriös. Wie gerne würde jede Zeitung ihren Lesern langfristig mitteilen, ob sie mit gutem Bade- oder Skiwetter rechnen können. Aber ein solches Wunder hat bisher noch kein Meteorologe in den Medien glaubwürdig vollbracht – gleichwohl beginnt auch dieses Tauziehen zwischen Experten und Zeitungen immer wieder aufs Neue.

Es mag atmosphärische Störungen verursachen, die notwendige Zusammenarbeit von Wetterdiensten und Redaktionen können solche Wirbel aber nicht gefährden. Sie ist in Berlin wichtiger denn je, zum einen wegen der Beliebtheit des Themas, zum anderen wegen des Trends in den Medien zu mehr „personality". Redakteure werden mit Namen oder im Porträt vorgestellt, damit unsere Leser wissen, wer ihr tägliches Blatt produziert. Die Mannschaft der Zeitung soll im Interesse der Leser-Blatt-Bindung hervortreten. Zu diesen Gesichtern werden in Zukunft öfter denn je auch die „Wettermacher" gehören. Sie müssen sich auf mehr Publicity im Verbund mit den Medien einstellen, zumal sich ihre Branche zunehmend privatwirtschaftlich organisiert. Der Leser will wissen, wer sein Wetter voraussagt. Bei vielen Radio- und TV-Stationen ist das schon längst üblich.

Deshalb hat der Tagesspiegel gemeinsam mit seinen meteorologischen „Kollegen" von der Wetter-Firma Meteofax mehrere Aktionen durchgeführt (Infotelefon „Urlaubswetter" etc.) und Leser auch in die Räume des Dahlemer Wetterdienstes eingeladen. Im Rahmen unserer Serie „Berlins Geheime Orte" lernten sie die Arbeitsweise von Meteofax und des benachbarten Meteorologischen Instituts der Freien Universität (FU) kennen.

Abb. 2: *Blick in die Lokalredaktion der Berliner Tageszeitung „Der Tagesspiegel"*

Journalisten und Meteorologen werden sich die Hochs im Mediengeschäft gemeinsam erarbeiten und Schulter an Schulter ins Tief purzeln, falls eine Vorhersage danebenliegt und Regen fällt, obwohl wir verkündet haben: „Die Stühle raus, der Lenz ist da."

Christoph Stollowsky ist seit acht Jahren Redakteur in der Lokalredaktion „Der Tagesspiegel", Berlin.

3.5 Wetterinformationen und Präsentationssysteme des Deutschen Wetterdienstes für Medien und Öffentlichkeit

Wolfgang Kusch

1. Neuorganisation des Deutschen Wetterdienstes

Die Neuorganisation des Deutschen Wetterdienstes (DWD) wurde 1996 abgeschlossen. Deren Ziele waren und sind:
- Verbesserung der Versorgung von Kunden und Öffentlichkeit mit Daten und Produkten,

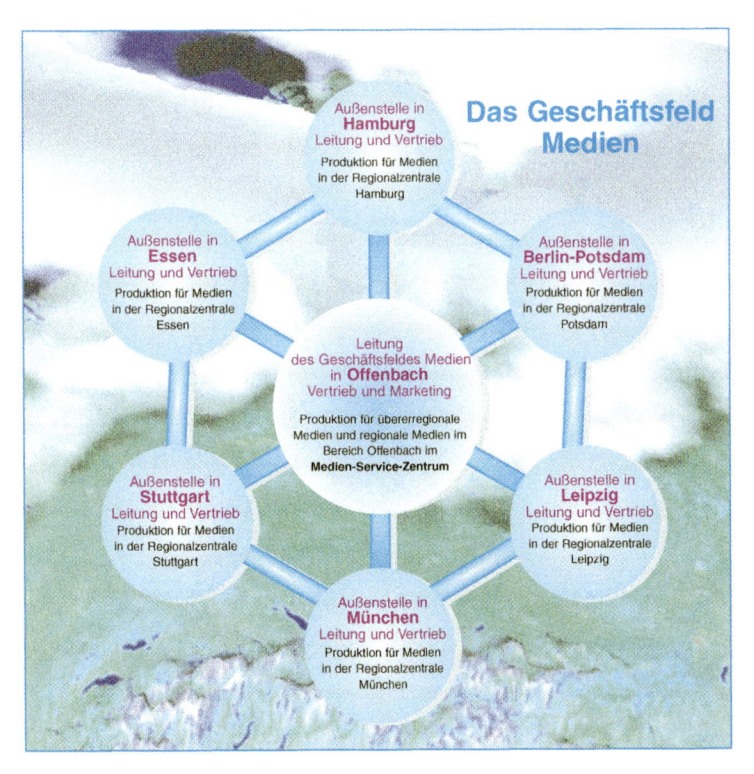

Abb. 1: Organisation des Geschäftsfeldes Medien im Deutschen Wetterdienst

- Betreuung und Beratung unter besonderer Betonung des öffentlichen Wohlergehens und der Sicherheit,
- Förderung des Ansehens des DWD in der Öffentlichkeit,
- Anpassung des DWD an den nationalen und europäischen Markt für wetterdienstliche Leistungen,
- Reduzierung der Belastung des Bundeshaushaltes.

Die Neuorganisation des DWD sieht fünf Geschäftsbereiche vor, nämlich Personal- und Betriebswirtschaft, Technische Infrastruktur sowie Forschung und Entwicklung, die die Basis der Infrastruktur bilden. Die Versorgung der Kunden und Nutzer des DWD mit Standard- und Spezialprodukten obliegt den Geschäftsbereichen „Klima- und Landwirtschaft" sowie „Vorhersagekunden und Medien".
Am 10.9.1998 hat der Präsident der Bundesrepublik Deutschland das Gesetz über den Deutschen Wetterdienst mit seiner Unterschrift ausgefertigt. Somit kann das neue Gesetz am 1.1.1999 in Kraft treten.

Das Konzept der Neuorganisation sah innerhalb der nutzerorientierten Geschäftsbereiche die Bildung von Geschäftsfeldern vor, um homogene Kundengruppen besser versorgen zu können.

2. Das Geschäftsfeld Medien

Das Geschäftsfeld Medien im Geschäftsbereich Vorhersagekunden und Medien betreut Zeitungen, Hörfunk und Fernsehstationen sowie Agenturen. Mit der neuen Struktur werden Wünsche und Anforderungen dieser Kundengruppe erfüllt. Die Zentrale in Offenbach und regionale Büros in Berlin-Potsdam, Hamburg, Essen, Leipzig, München und Stuttgart leisten einen flächendeckenden Service. Über das Medien-Service-Zentrum in Offenbach und die Regionalzentralen bietet der Deutsche Wetterdienst speziell für den Medienbereich ein breites Spektrum an Daten und Produkten rund um die Uhr an (Abb. 1).

3. Anforderungen der Nutzer

Durch die neue Struktur ist der Deutsche Wetterdienst in der Lage, den ständig wachsenden Anforderungen der Öffentlichkeit und der Medienkunden gerecht zu werden. Überregionale, regionale und lokale Zeitungen, Rundfunk- und Fernsehanstalten müssen ständig mit Warnungen, Beobachtungsdaten, Textvorhersagen, Punkt-Termin-Prognosen und speziellen graphischen Produkten versorgt werden.

Öffentlichkeit und Kunden fordern mehr und mehr maßgeschneiderte Produkte, Vorhersagen mit hoher räumlicher und zeitlicher Auflösung, spezielle Vorhersageparameter statt nur Vorhersagetexte. Der Trend geht immer mehr zur Komplettversorgung, d.h. ein meteorologischer Anbieter muß heute auch Wünsche nach einem professionellen Design und informativen sowie interessanten Präsentationen erfüllen. Die Anforderungen an den Wetterdienst nach umfassenden Dienstleistungen nehmen ständig zu.

Um die spezifisch meteorologischen Wünsche erfüllen zu können, wurden die numerischen Modelle weiterentwickelt und spezielle operationelle Dienste wie Nowcasting- und Mittelfristvorhersage eingeführt.

4. Historischer Rückblick

Der Wetterdienst in Deutschland hat eine lange Tradition als meteorologischer Versorger der Medien und der Öffentlichkeit. Nach dem Kriege hat der Deutsche Wetterdienst (Gesetz vom 11.11.1952) diese Tradition fortgesetzt. Der DWD betreibt ein dichtes meteorologisches Meßnetz mit über 5000 Beobachtungsstationen für die verschiedensten Zwecke. Einige Stationen blicken auf eine Meßreihe von mehr als 200 Jahren zurück. In der Vergangenheit bestand die Versorgung der Nutzer vor allem in der Belieferung mit Beobachtungsdaten und Vorhersagetexten bzw. Skizzen für Gra-

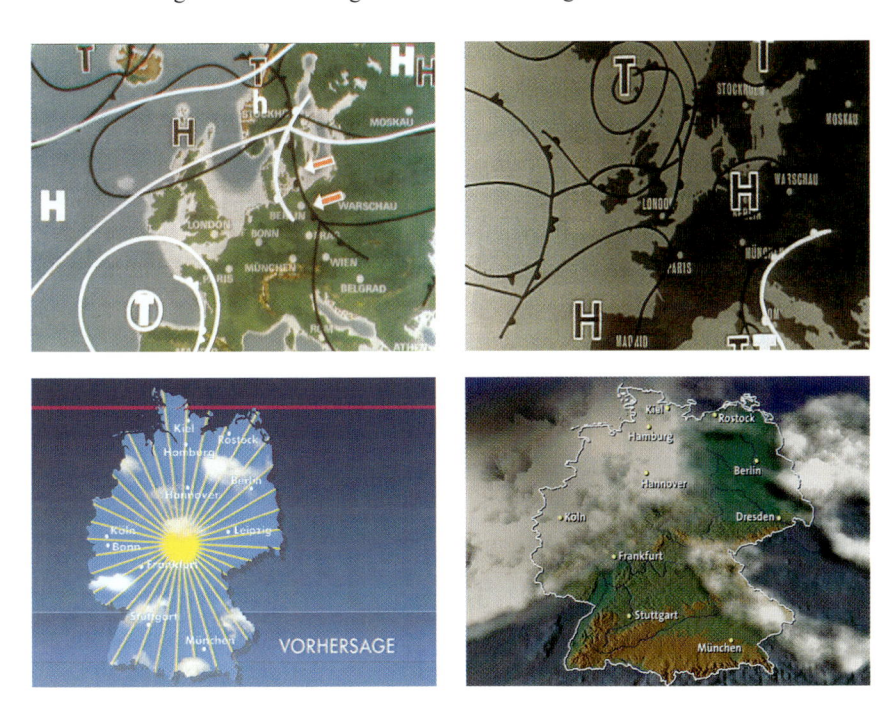

Abb. 2a – 2d: Die Entwicklung der Wetterkarte in der ARD-Tagesschau: Beispiele aus den Jahren 1960, 1970, 1980 und 1998.

phiken, die von den einzelnen Kunden dann in Eigenregie realisiert wurden. Ein Beispiel für eine Zeitungs-Wetterkarte aus den Dreißiger Jahren zeigt die Abb. 2 des Beitrages von W. Scharfe, die auf Seite 85 zu finden ist. Die Entwicklung der Wetterkarte in der ARD bis zur heutigen Präsentationsform des Wetters stellt die Abb. 2 dar. Die Vorlagen für die Trickfilm-Redaktion des Hessischen Rundfunks (HR), der innerhalb der ARD die Zuständigkeit für das Tagesschau-Wetter hat, wurden vom damaligen Wetteramt Frankfurt produziert und per Motorradfahrer zum HR transportiert. Die Abbildung macht die Stufen in der graphischen Entwicklung deutlich. Derzeit wird das Wetter mit dem DWD-System TriVis täglich vom HR produziert. Die Präsentation wurde in partnerschaftlicher Zusammenarbeit entwickelt.

5. Präsentationssysteme
5.1 Zeitungen/ZWK

Die Anforderungen der Medien an die graphische Präsentation von Wetter und umfassender Information wachsen beständig. In der gleichen Zeit wurden leistungsfähige Rechnersysteme entwickelt und die numerische Wettervorhersage außerordentlich verbessert. Um den Anforderungen der Zeitungen nach einer modernen Versorgung gerecht zu werden, hat der Deutsche Wetterdienst die digitale Zeitungswetterkarte (ZWK) entwickelt. Damit können für Zeitungskunden druckfertige maßgeschneiderte Wetterseiten bereitgestellt werden. Folgende Kriterien wurden bei der Entwicklung berücksichtigt:

1. Druckfertige Verfügbarkeit der Wetterinformationen in digitaler Form und Übertragung zu den Zeitungen mittels Modem.
2. Um die Produktionskosten zu minimieren, wurde die Erstellung der Zeitungswetterkarte weitgehend automatisiert.
3. Sicherstellung des Zugriffs auf den ständig zunehmenden Umfang an Wetterinformationen.
4. Sicherstellung der höchstmöglichen Flexibilität bei der Gestaltung der Layouts gemäß individueller Anforderungen.

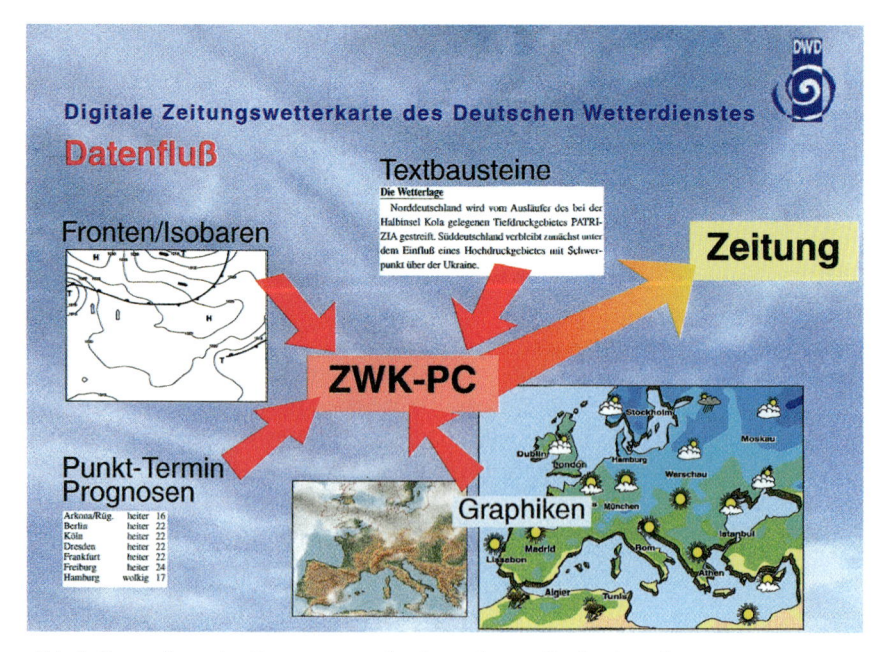

Abb. 3: Darstellung der Komponenten des Datenflusses für die digitale Zeitungswetterkarte des DWD.

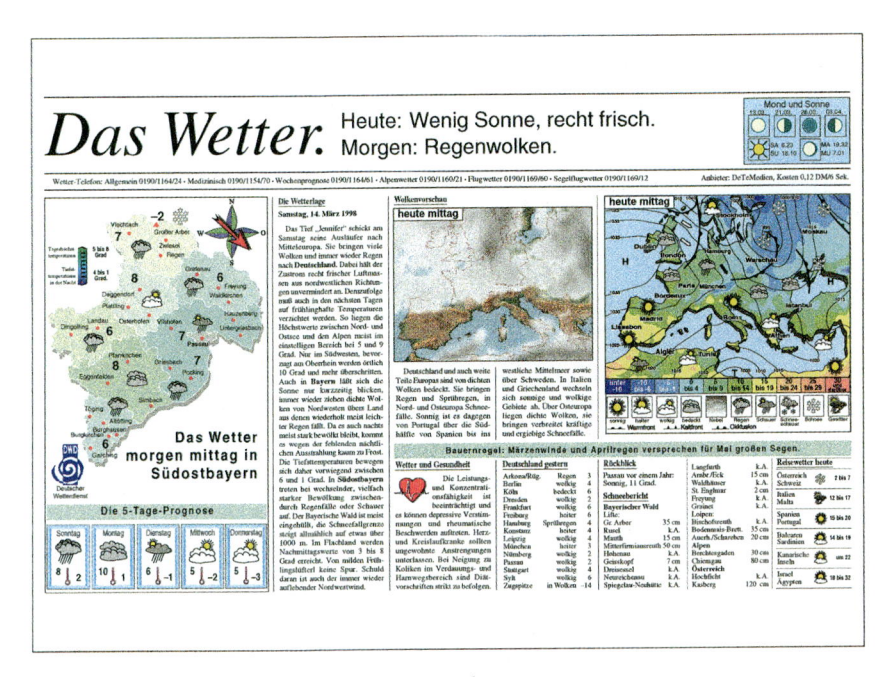

Abb. 4: Beispiel für eine digitale Zeitungswetterkarte

Das entwickelte ZWK-System ist mit den im Zeitungsbereich genutzten Graphiksystemen kompatibel. Es ist mit den im DWD verfügbaren Datenquellen und Produktionssystemen verbunden. Der Datenfluß ist schematisch in der Abb. 3 dargestellt. Mit dem System lassen sich die individuellen Wünsche der Nutzer erfüllen, wie die Beispiele in den Abb. 4 und 5 zeigen.

5.2 Hörfunk/WetterMax

Da die Wünsche der Kunden und der Öffentlichkeit nach hochaufgelösten und speziell aufbereiteten Wetterinformationen ständig steigen, schließt das Geschäftsfeld Medien Kooperationen ab, um sein Angebot ausweiten und verbessern zu können. Zusammen mit der Firma More and More Communication in München bietet der DWD das vor allem für Rundfunkredaktionen entwickelte Informationssystem WetterMax an. Ein Beispiel zeigt Abb. 6. WetterMax bietet über das Modulsystem die benötigten Informationen. Neben dem individuellen Basismodul können sie bei WetterMax über Zusatzmodule Spezialinformationen abrufen. Ergänzungen oder Änderungen von Erweiterungsmodulen sind jederzeit möglich.

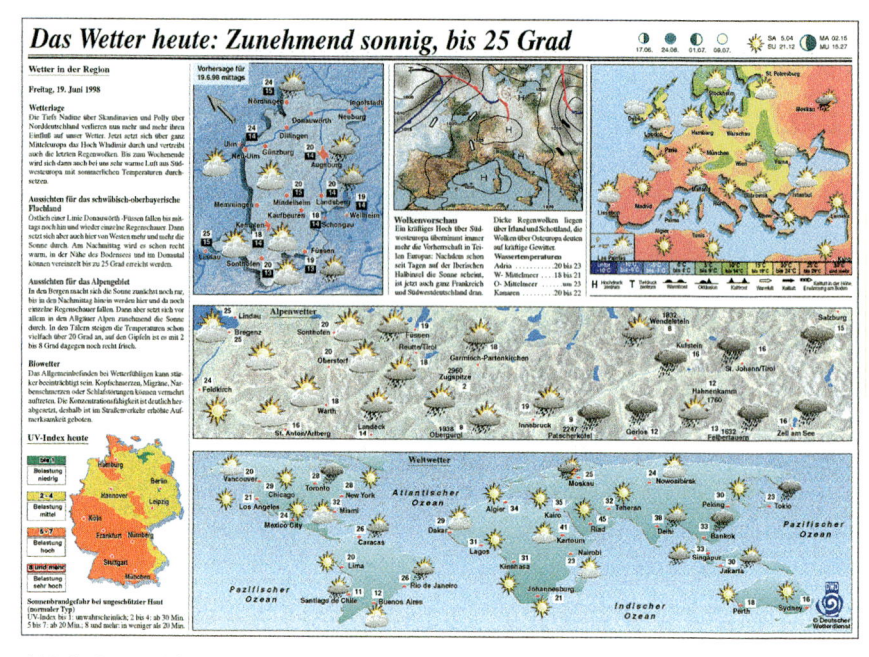

Abb. 5: Beispiel für eine andere Darstellung der digitalen Zeitungswetterkarte

5.3 Fernsehen/TriVis

Für die Präsentation des Wetters im Fernsehen wurde das dreidimensionale Visualisierungssystem TriVis entwickelt. Damit können numerische Vorhersagen als Wolkenbilder sowie Piktogramme, Texte und andere Graphiken fernsehgerecht visualisiert werden. Mit einem fraktalen Algorithmus werden in TriVis die numerischen Vorhersagedaten in Wolkenstrukturen umgewandelt. Dunkle Wolken weisen auf schlechtes Wetter hin, und helle Wolken signalisieren freundliches Wetter. Mit TriVis können praktisch alle Wetterparameter wie Temperatur, Regen, Wind oder Gewitter dargestellt werden. Pixel-Strukturen von Satellitenbildern können ebenfalls mit dem fraktalen Algorithmus bearbeitet werden, so daß in der Präsentation des Rückblicks (Satellitenbilder) und der Vorhersage (Modelldaten) kein Bruch auftritt. Die Darstellungen können als Standbilder oder animiert gesendet werden.

TriVis ist ein offenes System, d.h. es ist möglich, Daten und Graphiken von anderen Systemen in die TriVis-Darstellungen einzubinden. Damit sind alle Möglichkeiten gegeben, um Wettervorhersagen nach den individuellen Wünschen der Sender zu präsentieren.

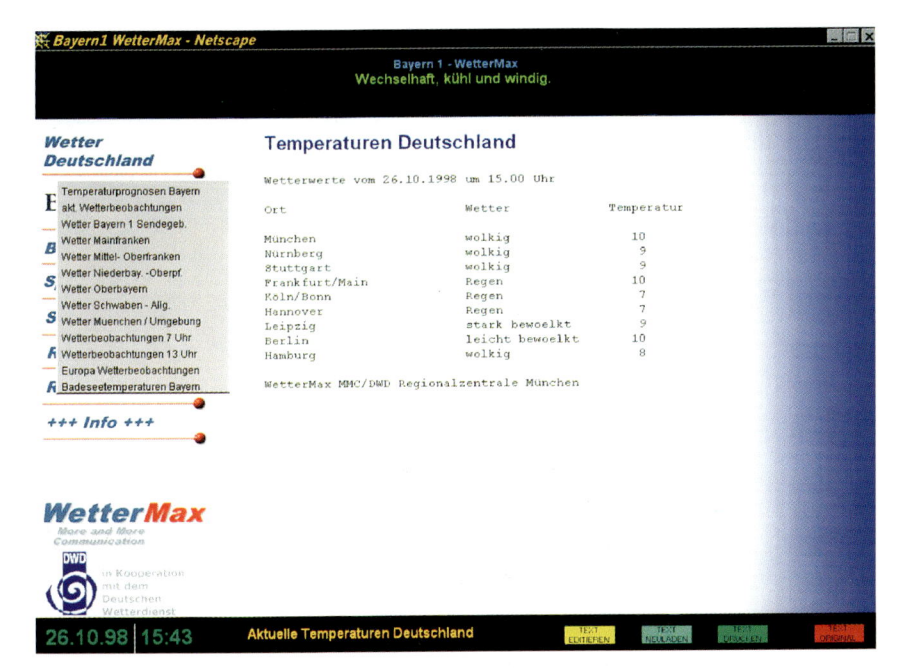

Abb. 6: Beispiel einer Darstellung aus dem WetterMax-System

TriVis-Bilder können nunmehr auch für die Zeitungswetterkarte genutzt werden. (Siehe Abb. 4 und 5). Die Abb. 7 bis 11 bringen eine Auswahl von Präsentationen mit dem Visualisierungssystem TriVis. Vom Anflug auf Deutschland über zweidimensionale Darstellungen (Frontendurchzug, regionale Vorhersage für Brandenburg) bis zu hochaufgelösten Parametern und der Orographie werden die vielfältigen Möglichkeiten gezeigt.

6. DWD-Modelle
6.1 Operationelle Modellkette
Die Produkte für Medienkunden und Öffentlichkeit beruhen auf Beobachtungsdaten und der Modellkette des Deutschen Wetterdienstes, die zur Zeit aus dem Global- Modell (GM) mit einer horizontalen Maschenweite von ca. 200 km, dem Europa-Modell (EM) mit ca. 55 km Maschenweite und dem Deutschland-Modell (DM) mit einer Maschenweite von ca. 14 km besteht. Weiterhin werden statistische Interpretationsverfahren wie Kal-

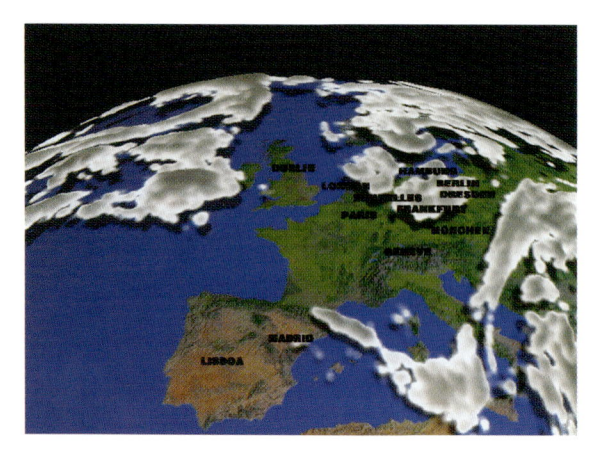

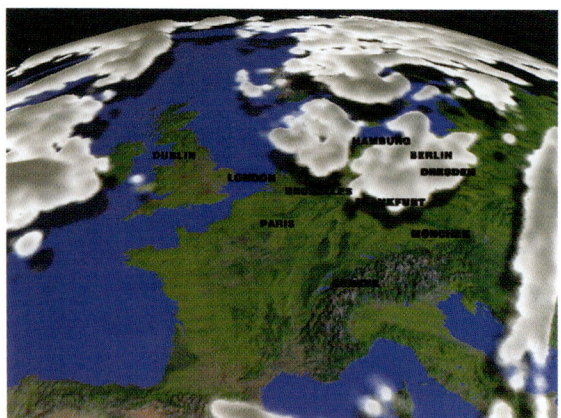

Abb. 7a – c: Anflug auf Deutschland: Beispiel aus einer dreidimensionalen TriVis-Animationssequenz

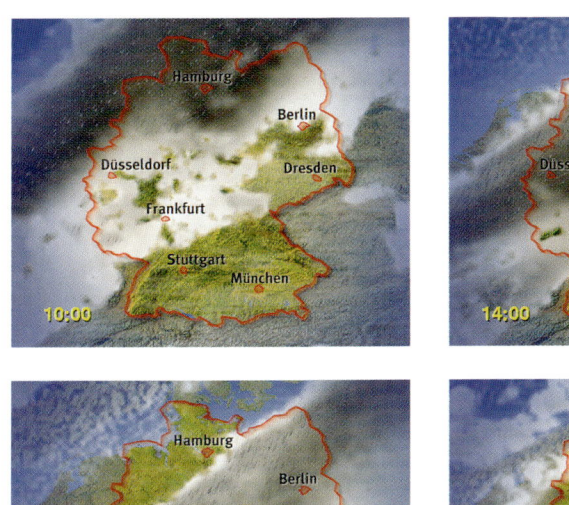

Abb. 8a – d: Animation einer Frontpassage: Beispiel aus einer zweidimensionalen TriVis-Wolkensimulation

man-Filter und Model Output Statistics (MOS) zur Gewinnung lokaler Vorhersagen eingesetzt.

Die Verbreitung der Daten und Präsentationen stellt hohe Anforderungen an die technische Ausstattung. Abb. 12 zeigt den Datenfluß und Verarbeitungsweg von der Datenerhebung über die numerischen Modellrechnungen bis zur Ausgabe der Ergebnisse an die Nutzer.

6.2 Die Zukunft

Der Deutsche Wetterdienst testet zur Zeit seine neue Modellkette. Ein leistungsfähigeres Rechnersystem ermöglicht den Einsatz noch höher aufgelöster und physikalisch verfeinerter Modelle. Der operationelle Betrieb des neuen Global-Modells (GME) mit einer Maschenweite von ca. 60 km und eines neuen nichthydrostatischen Lokal-Modells (LM) mit ca. 7 km Maschenweite ist für Ende 1999 vorgesehen. Das LM soll als Universalmodell auch für Untersuchungen bis zu einer

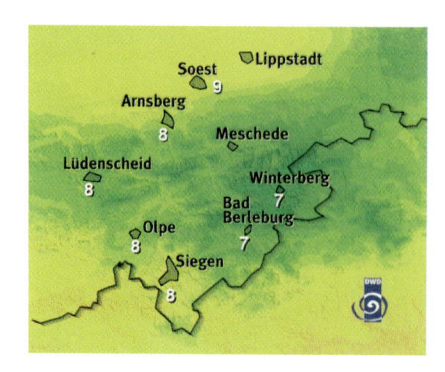

Abb. 9: TriVis-Beispiel für eine hochaufgelöste Temperaturverteilung mit einem Ausschnitt von Nordrheinwestfalen (WDR-Wettersendung)

Abb. 10 a: TriVis-Beispiel einer Piktogramm-Wetterdarstellung für Brandenburg (ORB-Wettersendung)

Abb. 10 b: TriVis-Beispiel einer zweidimensionalen Wolkenpräsentation. Kombination aus Satellitenbild, Isobaren und Piktogrammen (ORB-Wettersendung)

Abb. 11: TriVis-Wolkensimulation über hochaufgelöster Orographie (Rur-Talsperre in Nordrheinwestfalen)

Auflösung von 100 Metern genutzt werden. Mit der LM-Version können lokale Einflüsse wie Luv- und Lee-Effekte an Mittelgebirgen, hochreichende organisierte Konvektion (Schauer, Gewitter) oder die Bildung von Böenfronten simuliert werden.

Für das Jahr 2002 ist der Einsatz des LM mit einer horizontalen Auflösung von ca. 2.5 km geplant. Abb. 13 zeigt aus einem Testlauf die Simulation hochreichender Konvektion.

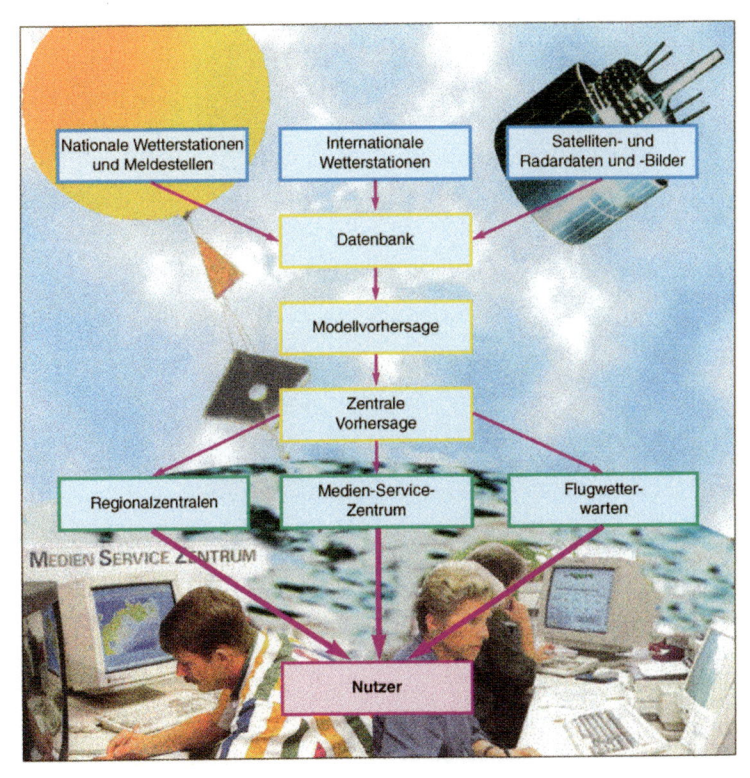

Abb. 12: Datenfluß im Deutschen Wetterdienst: Von der Beobachtung bis zum Endprodukt für den Nutzer

7. Ausblick

Die neuen Modelle stellen eine Herausforderung für die Präsentation der Wettervorhersage dar. Das verfügbare Datenvolumen wird mit dem Wechsel zur neuen Modellkette GME und LM um den Faktor 230 anwachsen. Für die Darstellung der umfassenden numerischen Daten und hochaufgelösten numerischen Simulationen müssen mediengerechte und verständliche Darstellungsformen entwickelt werden. Die existierenden Präsentationssysteme müssen an die neue Modellgeneration angepaßt werden. Wichtig ist es, trotz der Datenflut die Darstellungen verständlich zu gestalten.

Als weitere Herausforderungen müssen die sich entwickelnde virtuelle Studiotechnik und neue Datenübertragungssysteme genannt werden, und auch die Information via Internet erfordert weitere Anstrengungen.

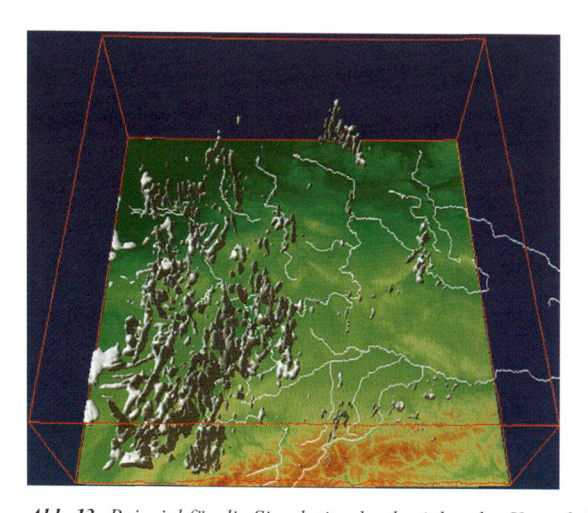

Abb. 13: Beispiel für die Simulation hochreichender Konvektion (Wolkenwassergehalt) aus einem Testlauf mit einem Lokal-Modell (LM)

Dipl.-Met. Wolfgang Kusch ist Leiter des Geschäftsfeldes Medien im Deutschen Wetterdienst in Offenbach.
E-mail: wkusch@dwd.d400.de

3.6 Grafische Systeme für Medien
Thomas Dümmel

Der Fernsehwetterbericht, produziert mit „TeleVIS"
A. Frädrich, M. Ganß, Th. Hensel, A. Löwen

Einleitung

Im Medienbereich steigt der Bedarf an speziell aufbereiteten meteorologischen Informationen ständig. Die Ansprüche an Aktualität, Präzision und visuelle Attraktivität werden im TV-Bereich immer höher. Das virtuelle Studio wird auch beim Fernseh-Wetterbericht bald zum Standard gehören.

Die zukünftige visuelle Wetterpräsentation und die entsprechenden Werkzeuge zu deren Erstellung sind wichtige angewandte Forschungsschwerpunkte der Gegenwart und Zukunft.

Die Forschungsprojektgruppe „Meteorologische Informations- und Kommunikations-Systeme" am Institut für Meteorologie der FU Berlin hat auf Drittmittelbasis

Abb. 1: Wetterpräsentator Dr. F. Krügler (1963) vor einer Kreidetafel

Soft- und Hardwarelösungen zur Erstellung, Bearbeitung und Präsentation von meteorologischen Filmsequenzen bis hin zur 3D-Wetter-Animation für den Fernsehwetterbericht entwickelt.

In diesem Beitrag werden die grundsätzlichen Anforderungen an ein 2D-Visualisierungs- und Präsentationsprogramm speziell für den Fernsehbereich und die entsprechende Lösung der FU Berlin vorgestellt.

Mit unserem TV-Wetter-Generator „TeleVIS" kann der komplette grafische Fernsehwetterbericht interaktiv oder automatisch in Sendequalität erstellt und gesendet werden.

Anforderungen
Die Zeit, als man im Fernsehwetterbericht die Wettersymbole noch auf eine Kreidetafel malte, sind schon lange vorbei.
Heute soll alles animiert sein, es herrscht ein regelrechter Wettbewerb um den besten und unterhaltsamsten Wetterbericht. Selbst kleinere Sender geben sich nicht mehr nur mit Standtafeln aus einem Grafikcomputer zufrieden.
Mit aufwendiger Hard- und Software und erheblichem personellen Aufwand ist das natürlich heute alles kein Problem mehr. Es sind aber zunehmend ökonomische, somit auch preiswertere und innovative Lösungen mit ganz neuen Ansätzen gefragt.
Hört man sich bei den potentiellen Nutzern um, was sie sich von einem Wetter-Visualisierungs-System wünschen, ergibt sich folgendes Anforderungsprofil:

Ein Grafiksystem für den Fernsehbereich muß
1. beliebige meteorologische Daten (Felder, Punktinformationen) visualisieren,
2. ein flexibles und skalierbares Konzept aufweisen,
3. leicht bedienbar, aber trotzdem mächtig sein,
4. optisch attraktiv und zugleich individuell sein,
5. ausfallsicher und natürlich preiswert sein.

Wie diese Anforderungen in dem „TeleVIS"-System realisiert sind, wird in den folgenden Ausführungen erläutert.

1. Daten
Neben den historischen und aktuellen meteorologischen Beobachtungsdaten werden natürlich auch Prognosedaten und sonstige Grafiken und Symbole visualisiert.
„TeleVIS" arbeitet aus einer Datenbank heraus, in die alle erdenklichen meteorologischen und sonstigen Informationen und Daten in ihrem Ursprungsformat importiert werden können.
Beobachtungsdaten sind insbesondere
– beliebige– meteorologische Meßwerte an Stationen,
– Meßwerte an Gitterpunkten (Analysefelder) in zeitlicher Abfolge,
– Satelliten- und Radarbilder bzw. Filme.
Zu den Vorhersagedaten zählen
– Vorhersagen beliebiger Parameter für viele Orte,
– Modellvorhersagen an Gitterpunkten (Vorhersagefelder beliebiger Parameter),
– Statistisch nachbearbeitete Modell-Vorhersagen (MOS)
Mit sonstigen Grafiken und Symbolen sind gemeint
– beliebige Karten und Hintergründe,

- Texte, Grafiken, Handzeichnungen,
- beliebige Symbole, Pfeile, Strömungen (auch animiert),
- Bilder und Filme anderer Quellen.

Grundsätzlich ist das Konzept nicht auf meteorologische Daten beschränkt, es können alle – sich schnell ändernden – Informationen jederzeit bearbeitet und sendefertig visualisiert werden. So ist „TeleVIS" in Holland bereits im Bereich Wetter & Verkehr im Einsatz.

2. Konzept

Die potentiellen Anwender fordern ein flexibles und skalierbares Gesamtkonzept, das ihre Investitionen sichert. Wenn also ein Sender mit einer kleinen und preiswerten Lösung beginnt und später das Wetter ausbauen möchte, müssen alle bisherigen Anschaffungen weiter nutzbar sein.

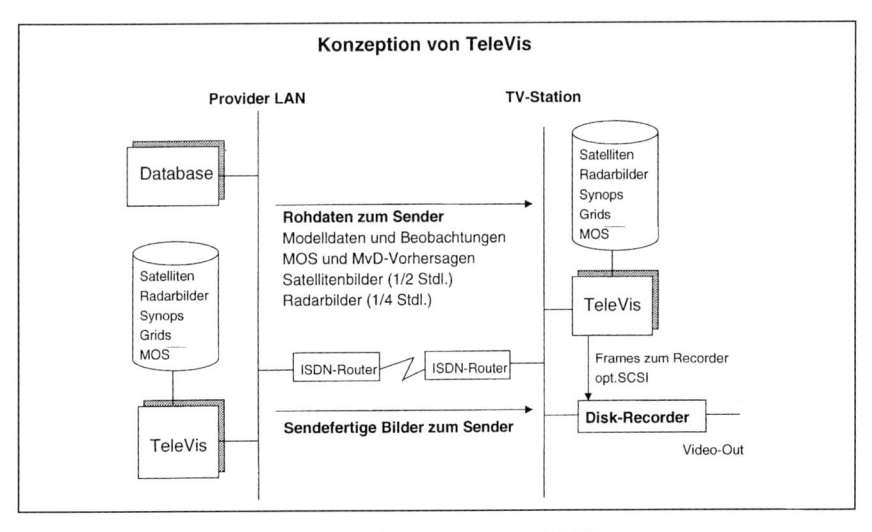

Abb. 2: Die Datenversorgung und Konfiguration von „TeleVIS"

Unser erweiterbares Datenversorgungskonzept und die preiswerte Kommunikationsmethode für die Datenübertragung vom Datenlieferanten (Provider) zum Sender erfüllt diese Anforderung.

Benötigt ein Sender zunächst nur Standtafeln oder wenige Animationen für die Wettersendung, so ist es zeitlich und finanziell noch vernünftig, die Tafeln sendefertig beim Wetterdienstleister auf dessen „TeleVIS" zu produzieren.

Von der Datenbasis des Providers wird das lokale „TeleVIS" mit allen Daten versorgt, aus denen das Kundenprodukt erstellt werden soll. Die Wettertafeln werden automatisch oder interaktiv erzeugt und dann über eine preiswerte ISDN-Wählleitung in einen digitalen Videorecorder beim Sender übertragen. Das kann auch ein Rechner mit Video-Ausgang sein, von dem dann die Bilder auf Sendung gegeben werden.

Bereits bei Animationen von mehr als 10-15 Sekunden Länge ist dieses Verfahren nicht mehr ökonomisch. Pro Sendesekunde müßten etwa 25 Mbyte Bilddaten zum Sender übertragen werden. In diesem Fall überträgt man kontinuierlich alle nötigen meteorologischen Rohdaten in ein TeleVIS-System beim Sender. Die Datenmengen sind sehr viel geringer und über den ganzen Tag verteilt, so daß in jedem Fall eine ISDN-Wählleitung ausreicht.

In dieser Variante gibt es grundsätzlich drei Einsatzmöglichkeiten:

Interaktive Nutzung
Der Kunde betreibt eine eigene Wetterredaktion mit Meteorologen und ggf. Grafikern, die das „TeleVIS" als interaktives Animations-Programm nutzen, um jeden Tag einen individuellen und den Ereignissen angepaßten Wetterbericht zu erstellen und zu präsentieren. Zur Unterstützung können natürlich bestimmte Standardmodule (Satellitenfilm etc.) vollautomatisch produziert werden, so daß genügend Zeit für die Besonderheiten bleibt.

Auf diese Weise wird bei RTL5 in Holland und bei RTL in Köln mit „TeleVIS" gearbeitet.

Vollautomatische Nutzung
Betreibt der Kunde keine eigene Wetterredaktion, sondern möchte jeden Tag zu bestimmten Zeiten standardisierte Wetterberichte senden, so kommt die vollautomatische Nutzung zum Einsatz. „TeleVIS" produziert beim Kunden zeitgesteuert aus den vorliegenden Rohdaten den jeweils benötigten visuellen Wetterbericht und überträgt ihn sendefertig in den digitalen Videorecorder. Auf diese Weise entstehen vollautomatisch über den Tag verteilt die verschiedenen Berichte wie Reisewetter, Biowetter, Kurzwetter, Wettershow und andere beim Nachrichtensender n-tv. Sie können moderiert oder unmoderiert genutzt werden.

Ferngesteuerte Nutzung
Möchte der Sender eine täglich individuelle und den aktuellen Ereignissen entsprechende Wettershow ohne eine eigene Wetterredaktion betreiben, so kann dies mit „TeleVIS" per Fernsteuerung geschehen. Beim Wetterdienstleister wird die täglich variierte Show lokal auf dem „TeleVIS" erstellt. Die nötigen Rohdaten werden kontinuierlich zum Sender übertragen. Ist die Sendung beim Provider produziert und abgenommen, werden nur die beschreibenden „TeleVIS"-Dokumente zum Sender

übertragen und dort per Fernsteuerung berechnet und auf den digitalen Videorecorder geschrieben.

Durch die Nutzung einer Animations-Beschreibungssprache werden in einem TeleVIS-Dokument nur die Anweisungen gespeichert, was zu welcher Zeit mit welchen Rohdaten wie geschehen soll, um die sendefertige Animation zu erzeugen. So kann das kleine Dokument sehr schnell auf einen entfernten Rechner zur dortigen Ausführung übertragen werden. Der ungarische Fernsehsender RTL-Club und der private Wetterdienst Meteo Consult in Holland arbeiten auf diese Weise mit „TeleVIS". In Holland wird die Wettershow vorbereitet, dann werden die Dokumente nach Ungarn geschickt, und in kurzer Zeit liegt eine 1:1 Kopie der kompletten Wettershow sendefertig auf dem Recorder bei RTL-Club vor.

Diese drei Grundvarianten können natürlich beliebig kombiniert werden. In jedem Fall liegt zur festgelegten Zeit der vollständige visuelle Wetterbericht sendefertig auf dem Abspieler vor, eine Nachbearbeitung ist nicht erforderlich.

3. Bedienung und Softwarekonzept

Um ein leicht bedienbares aber dennoch in der Funktion mächtiges Visualisierungssystem zu erreichen, ist ein gut strukturiertes Softwarekonzept nötig. „TeleVIS" besteht aus drei grundlegenden Softwaremodulen.

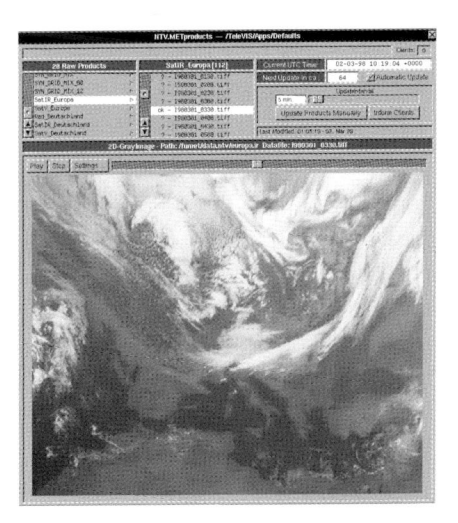

Abb. 3: MDC-Ansicht mit Meteosatbild

Der MDC (Meteorologischer Data Controller) verwaltet und organisiert alle eingehenden Rohdaten. Mit seiner Hilfe werden die Daten gesichtet, und er dient zur zusätzlichen Dateneingabe und Korrektur. Neben der Qualitätskontrolle stellt der MDC die Datenbank für das eigentliche Visualisierungsprogramm dar.

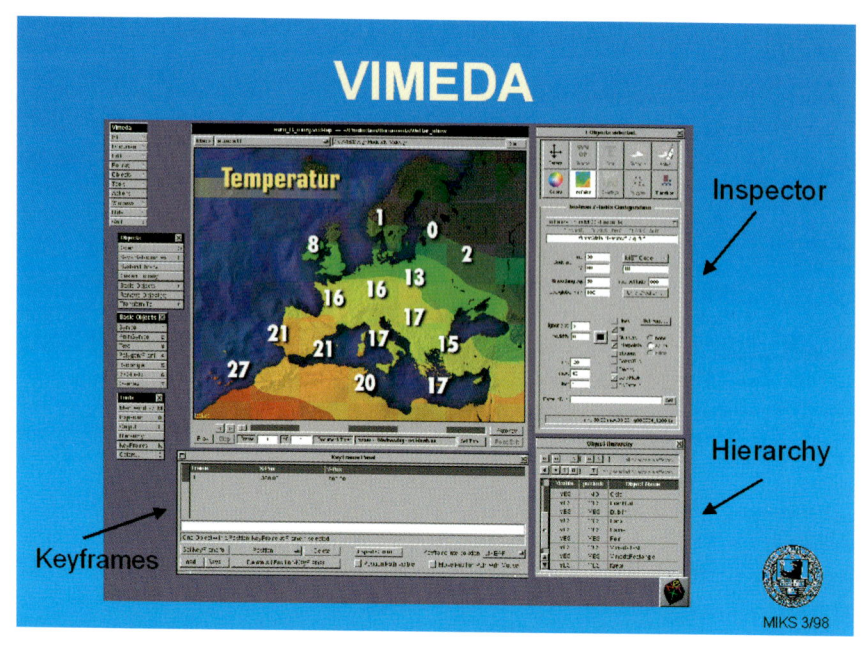

Abb. 4: VIMEDA-Bildschirm mit einigen Kontrollfenstern

Das Modul VIMEDA (Visualisierung Meteorologischer Daten) kommuniziert mit dem MDC und besorgt die grafische Umsetzung der Rohdaten in Tafeln und Animationen.

VIMEDA ist mehr als ein Grafikwerkzeug, das beliebige Objekte und grafische Umsetzungen von Informationen in vielen Ebenen übereinander kombinieren kann. Es kontrolliert die Zeit, indem es die „Datenzeit" mit der „Sendezeit" in Beziehung setzt und so definierte Animationen erlaubt. Alle Eigenschaften der dargestellten Objekte (Größe, Farbe, Position, Orientierung, Transparenz, etc.) sind durch eine sogenannte Keyframe-Animation in der Zeit animierbar. Ein Keyframe ist ein Schlüsselbild, bei dem man den Ausgangszustand eines Parameters (z. B. Position) festlegt. Bei einem späteren zweiten Keyframe legt man die Endposition des Objektes fest. Die Positionen auf den dazwischenliegenden Bildern werden vom Programm selbständig berechnet.

Die wichtigsten Objekte im VIMEDA sind:
- Bitmaps (z. B. Satellitenbilder, Radarbilder, etc.),
- Isolinien/Zonen aus Punktdaten,
- Symbole/Symbolanimationen mit Stationskopplung,
- Fronten, Polygone, Text.

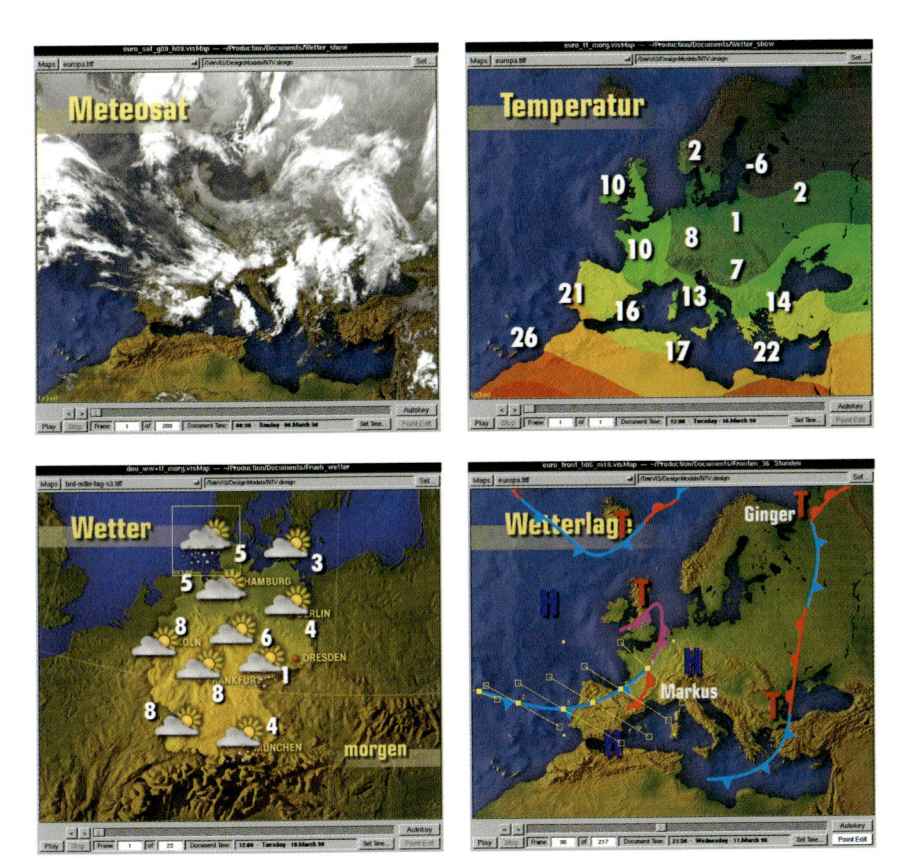

Abb. 5–8: Objektbeispiele in VIMEDA von links nach rechts: Bitmap, Iso, Symbole, Fronten. Layout/Design von n-tv und MediaDesign

Indem man sich interaktiv eine Filmsequenz zusammenstellt, führt man quasi automatisch eine objektorientierte grafische Programmierung durch. Das so entstandene Dokument enthält dann alle Anweisungen, um aus den verwendeten Datentypen die sendefertige Animation zu berechnen. Startet man dieses Dokument zu einem späteren Zeitpunkt erneut, haben sich die Rohdaten natürlich verändert, so daß die gleiche Animation mit nun neuen Daten entsteht.

VIMEDA weist u.a. folgende Eigenschaften auf:
- Zwischenbildinterpolation z.B. bei Satellitenbildern,
- Farbpalette mit Transparenz für alle Objekte,
- Zwischeninterpolation bei Wetterfronten,
- Verknüpfung der Objekte mit meteorologischen Stationen,

- Informationen in beliebig vielen Ebenen (Layertechnik),
- alle Objekteigenschaften sind durch Keyframes animierbar,
- Effektblenden,
- Glättung der Bilder, um Flimmern zu vermeiden,
- Einbeziehung aktuellster Daten durch Anfügefunktionen (Incremental Rendering).

TSTORY (TeleVIS Storyboard) ist das dritte Modul von „TeleVIS", das den digitalen Videorecorder beschreibt und steuert. In TSTORY stellt man sich eine Abspielliste (Playliste) für den Bericht zusammen, die alle Einzelsequenzen der Wettershow integriert. Mit einem Handschalter kann der Moderator den Ablauf der Animationen steuern.

4. Attraktivität und Individualität

„TeleVIS" ist ein vielseitiges Werkzeug zur Erstellung von Animationen. Es unterstützt den Grafiker in meteorologischer Hinsicht, er muß sich nicht um die Daten kümmern. Es unterstützt aber auch den Meteorologen, indem er ein mächtiges Animations- und Grafik-Werkzeug erhält. Das grafische Erscheinungsbild ist jedoch komplett austauschbar. Jeder Sender kann leicht seine speziellen Hintergrundkarten und Symbolsätze importieren, so daß die Individualität gewährleistet ist.

Abb. 9, 10: Wolken- und Regen-Vorhersage im Stil eines Virtuellen Studios vollständig mit TeleVIS erstellt

5. Sicherheit, Verfügbarkeit und Kosten

„TeleVIS" läuft zur Zeit auf Rechnern mit Intel-Prozessor (Pentium II) unter einem Unix-Betriebssystem. Prinzipiell reicht ein System mit hochwertigen Komponenten aus. Meist sind aber Doppelsysteme im Einsatz, um über zusätzliche Rechenleistung

verfügen zu können. Kunden, die in kürzester Zeit viele Animationen erstellen wollen, können die Aufträge auf mehrere Systeme verteilen.
Geeignete PC-Systeme kosten heute unter DM 10.000. Ein digitaler Videorecorder (15-30 TDM) gehört mittlerweile zum Standard eines Fernsehsenders. Damit sind die Hardware-Investitionen im Verhältnis zu vergleichbaren Systemen sehr günstig. Die „TeleVIS"-Lizenzvergabe, Weiterentwicklung und die Kundenbetreuung werden inzwischen von der Meteo Graphics GmbH in Berlin durchgeführt.

Weitere Entwicklungen
Mit „TeleVIS" wurde ein kostengünstiges – aber dennoch sehr leistungsfähiges – meteorologisches Animationswerkzeug geschaffen, welches durch sein Datenbank- und Dokumenten-Konzept ein sehr effizientes Arbeiten für Meteorologen und Grafiker erlaubt.

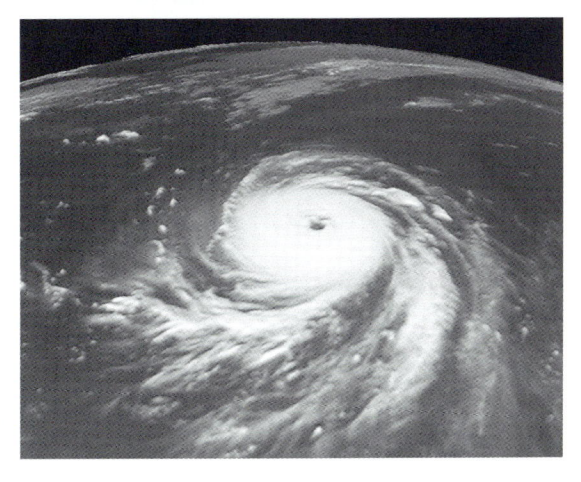

Abb. 11, 12:
Taifun mit SAT 3D erstellt

So entstehen weiche Satellitenfilme mit Zwischenbildinterpolation, ziehende Wetterfronten, und bewegte Temperatur- und Regenzonen zeigen den Wetterumschwung. Der momentane und zukünftige Wetterzustand wird mit animierten Symbolen dargestellt. Alle Funktionen werden durch Layertechnik kombiniert, sämtliche Objekteigenschaften sind animierbar.

Durch spezielle mathematische Verfahren sind alle Bewegungen, Skalierungen und Rotationen besonders weich.

Hier haben Meteorologen, Physiker, Informatiker und Grafiker den wissenschaftlichen Anspruch mit optischer Attraktivität und schneller, leichter Bedienbarkeit in Einklang gebracht.

Mit RTL in Köln führen wir zur Zeit ein Forschungs- und Entwicklungsprojekt durch, in dem die 3-D-Komponente im Vordergrund steht.

Das interaktive Programm „SAT3D" zur Erstellung, Aufbereitung und Fernsehpräsentation meteorologischer Wolkenflüge läuft auf Workstations verschiedener Hersteller. Über eine Navigationsschnittstelle wird die Kamerafahrt im 3-D-Raum und der Zeit festgelegt. Man fliegt über, durch oder unter Wolken.

Beliebige Bodentexturen oder Höhenmodelle des Untergrundes sind nutzbar, Lichtquellen können gesetzt werden, die Einbindung von Städtemodellen zur Orientierung ist möglich.

Hier entsteht ein Programm, mit dem man weltweit zu den meteorologisch interessanten Regionen fliegen kann, Wirbelstürme verfolgen und aus beliebiger Perspektive das Wettergeschehen betrachten kann.

Dipl.-Met. Thomas Dümmel ist wissenschaftlicher Mitarbeiter des Instituts für Meteorologie, FU Berlin und arbeitete ab 1979 in der Grundlagenforschung im Bereich der statistischen Analyse und Vorhersage. Seit 1993 führt er verstärkt Forschungs- und Entwicklungsprojekte auf Drittmittelbasis mit Anwendern aus der Industrie und den Medien durch.
E-mail: otto@bibo.met.fu-berlin.de

3.7 Stellenwert und Entwicklung des Wetterberichts im Fernsehen
Inge Niedek

Das Fernsehen hat mittlerweile in der Gesellschaft eine weitreichende Definitionsmacht über die Wirklichkeit gewonnen – darin sind sich führende Soziologen einig. Ist es eine Seifenoper, die uns vorgespielt wird oder in der wir selbst bereits leben, wenn uns Sportereignisse gezeigt werden, die wochenlang vorher aufbereitet wurden, wenn in Talk-Shows sich Leute entblößen, oder wenn Unterhaltungsshows à la Harald Schmidt, die eine Denkfabrik von wenigstens 30 Leuten benötigen, uns begeistern sollen?

Entwicklung des Fernseh-Wetterberichts in den vergangenen 7 Jahren
Am wenigsten mitgerissen von diesem Sog der Fernsehmacht – zumindest bei einigen größeren Fernsehsendern – wurden die Nachrichten. Ein weiteres Stück Realität war und bleibt neben den Nachrichten (hoffentlich) der Wetterbericht, auch wenn er zuweilen mehr in die Unterhaltungssparte hineinzurutschen droht.

In den vergangenen sieben Jahren gab es die unterschiedlichsten Ansätze – in einigen Sendern wird der Wetterbericht immer mehr mit Bildern und Ereignissen bestückt, die auch nur am Rande etwas mit dem Wetter zu tun haben. Demgegenüber stehen Entwicklungen, die die Aktualität und Realität des Wetters stärker mit einbeziehen. Neu sind in den vergangenen Jahren die 3-D-Grafik und das virtuelle Studio auch für Wetterpräsentationen.

Abb. 1: Beispiel für eine Standard-Wetterkarte (1998): „Momentaufnahme" des Nachmittags. Die zeitliche Komponente muß vom Moderator mündlich hinzugefügt werden.

Bedeutung im Vergleich zu anderen Sendungen
An der Plazierung des Wetterberichts als Bestandteil der Nachrichten hat sich nichts geändert, wohl aber hat er an Bedeutung gewonnen. Der Grund ist sicherlich zum einen in den weltbeherrschenden Naturereignissen wie „El Nino" zu sehen, die uns insbesondere durch das Fernsehen frei Haus geliefert werden, und der Klimadiskussion, die mittlerweile auf allen Ebenen des Gesellschaft zumindest angekommen ist, zum anderen durch ein verändertes Freizeit- und Reiseverhalten der Zuschauer.

Als weiterer Indikator für die Wichtigkeit des Wetterberichts kann angesehen werden, daß inzwischen viel mehr Fernsehanstalten eine eigene Wetterredaktion haben. 1991 war das ZDF in Deutschland damit noch allein, aber offensichtlich mit der Präsentation durch Fachleute Trendsetter für andere Fernsehanstalten, die – angefangen von RTL über SAT1 bis zu n-tv – das Wetter jetzt ebenfalls in Form einer Wettermoderation präsentieren, allerdings in Abweichung vom ZDF nur teilweise mit Fachleuten. Für andere Sendungen muß größtenteils erst geworben werden, um die Zuschaueranteile zu erhöhen, mit Wetter dagegen wird sogar Werbung plaziert, weil es einen hohen Informationswert hat.

Grafik und Präsentationsformen des Wetterberichts
Die Wettergrafik ist bunter und lebendiger geworden, sie wird je nach Bedarf durch Moderatoren vorgetragen und droht insbesondere bei Nichtfachleuten, zuweilen auch ungewollt, mehr in die Unterhaltung abzurutschen. Das Markenzeichen des ZDF sind nach wie vor Diplom-Meteorologen für die Präsentation des Wetters, die entweder aus dem Studio oder auch draußen, vor der echten Wetterkulisse stattfindet.

Konsequenzen aus der Wetterberichts-Vermarktung
Werbung und Zuschauerquoten
Die Bedeutung des Wetterberichts (in der Hauptnachrichtensendung zwischen vier und acht Millionen Zuschauer) wird zusätzlich dadurch unterstrichen, daß einige Fernsehanstalten damit Werbung verkaufen – auch das ZDF hat sich zu dieser Maßnahme entschlossen – selbst wenn die Zuschauer nicht aufhören, dagegen zu protestieren. Die Tatsache allerdings, daß die Werbung zwischen der 19-Uhr-Nachrichtensendung und dem Wetterbericht die meistgesehene ist, läßt vermuten, daß diese Verfahrensweise nicht wieder abgeschafft wird. Dies hat allerdings zur Folge, daß viele Zuschauer sofort auf das 3SAT-Programm umschalten, wo derselbe Wetterbericht ohne Werbung sofort hinter den Nachrichten läuft und außerdem mit einigen Zusatzinformationen länger ist. Bei 3SAT hat dies wiederum dazu geführt, daß die Einschaltquoten zur Zeit des Wetterberichts am höchsten sind und deswegen im Anschluß daran häufig noch für die nachfolgende Sendung geworben wird.

Die Bedeutung der Sendezeit
Gestaltung des Wetterberichts in Abhängigkeit von der Zeit
Die Zeit, die für die Präsentation eines Wetterberichts zur Verfügung steht, ist wesentlich für die Gestaltung des Berichts, und sie entscheidet über die Zahl der Bilder und Elemente, die präsentiert werden können.

Der Wetterbericht im Nachrichtenumfeld
Der Wetterbericht erstreckt sich zwar in erster Linie auf das „nationale" Wetter. Aber das Fernsehen übermittelt auch ständig weltweites Wettergeschehen. Wenn irgendwo in der Welt ein Sturm wütet oder über die Folgen von El Niño berichtet wird, stehen auch Fragen nach dem globalen Wetter auf dem Programm. Im ZDF sind in solchen Fällen die Wetterfachleute gefragt, sich damit auseinanderzusetzen, derartige Ereignisse zu erklären und Fragen über die Zusammenhänge und Hintergründe zu beantworten.

Außerdem gibt es genügend Leute, die nicht nur in Europa, sondern in der ganzen Welt umherreisen und etwas über das Wetter an ihrem Zielort wissen wollen.

Die Anknüpfung an die Nachrichten erfordert eine gewisse Seriosität beim Wetterbericht. Außerdem ist das Wetter selbst nicht immer nur harmlos. Bei uns hier in Deutschland verläuft das Wetter zwar größtenteils in friedlichen Bahnen, aber in anderen Regionen der Erde sind häufig sogar Menschenleben durch extreme Wetterereignisse bedroht.

Die optimale Zeit
Die für einen Wetterbericht zur Verfügung stehende Zeit hat wesentlichen Einfluß auf die Informationsvermittlung, d.h. je weniger Zeit vorhanden ist, desto mehr muß die Information verdichtet werden – verknüpft mit ergänzender Grafik -, ohne den Zuschauer zu überlasten. Die Grafik soll dazu dienen, die Informationsaufnahme zu verbessern und nicht von der Information ablenken.

Hinsichtlich der optimalen Zeit, die für einen Wetterbericht angemessen ist, gehen die Meinungen sicherlich weit auseinander. Wenn man die Meteorologen fragt, könnten manchmal fünf Minuten nicht genug sein, fragt man den Zuschauer, würde oft die Information über Schirm oder Regenmantel völlig ausreichen.

Diese Diskrepanz ist sicherlich vorhanden. Nicht alles, was man aus wissenschaftlicher Sicht für wichtig hält, ist auch wichtig für den Zuschauer. Die optimale Zeit liegt irgendwo zwischen diesen beiden Extremen, denn einerseits sind auch die Wünsche der Zuschauer unterschiedlich, andererseits hängt die Zeit natürlich von den grundsätzlichen Inhalten (Vorhersagezeitraum, Wetterlage, räumliche Auflösung usw.) des Wetterberichts ab.

Die Bedeutung von Wort und Grafik
Man kann zwar auch in kurzer Zeit eine Fülle von Informationen vermitteln, jedoch erfordert das ein Höchstmaß an Abstraktion zusammen mit gut aufgebauter Grafik.

Steht mehr Zeit zur Verfügung, können zusätzliche Informationen herausgegeben werden. Ein simples Beispiel: Aus Zeitgründen beschränkt sich die Nennung geographischer Destinationen häufig nur auf: Norden, Osten, etc.. Deutlich mehr Zeit kosten detaillierte geographische Begriffe, wie: in Schleswig-Holstein und im nördlichen Niedersachsen, aber auch in Niederbayern. Dies ist eine deutlichere geographische Präzisierung, die zusätzlich mit einer höher aufgelösten Grafik für einzelne Regionen unterstützt werden kann. Bei der Verwendung von Grafik muß nicht wie im Hörfunk alles angesprochen werden, weil viele Informationen auch auf der Karte abgebildet sind.

Neue Elemente des Wetterberichts sind z. B. Wolkenvorschaufilme, die aus Satellitenperspektive die vorhergesagte Fortführung der aktuellen Wettersituation zeigen. Dies vermittelt dem Zuschauer einen klaren Überblick, wo welche Wettersysteme

Abb. 2a und b: Beispiel für eine höhere geographische Auflösung: Unterteilung in Nord- und Südkarte, dadurch können unterschiedliche Regionen hervorgehoben und einzeln angesprochen werden.

hinziehen werden, wo und wann es regnen wird und wo die Sonne scheint. Diese Bildfolgen sind auch für unterschiedliche Regionen – also auch nur für Deutschland möglich. Sie gleichen dem Satellitenbild und entsprechen einem Blickwinkel, der dem Zuschauer vertraut ist. Sie haben gegenüber sogenannten statischen Karten den Vorteil, daß der Wetterverlauf über 24 Stunden verfolgt werden kann, während eine statische Karte nur das Bild eines Tages zu einer bestimmten Uhrzeit – meist mittags – darstellt und die zeitliche Komponente erst durch den Präsentator mündlich hinzugefügt wird.

Auch für die Temperaturentwicklung steht – aus den Modelldaten abgeleitet – ein Film zur Verfügung, der den Temperaturverlauf von der Nacht zum Tag zeigt und damit den Eindruck einer Entwicklung besser vermittelt.

Sogenannte 3-D-Flüge zählen ebenfalls zu den neuen Bestandteilen der Wettergrafik. Sie verlangen dem Zuschauer jedoch einiges an Vorstellungsvermögen ab: Nur wenige Leute können sich ein 3-dimensionales Bild vorstellen und sich schon gar nicht daraus ableiten, was das für den Wetterablauf an ihrem Wohnort bedeutet. Diese Form der Darstellung ist eine grafische Beigabe zum Wetter und nicht von großem Nutzen für die Informationsvermittlung.

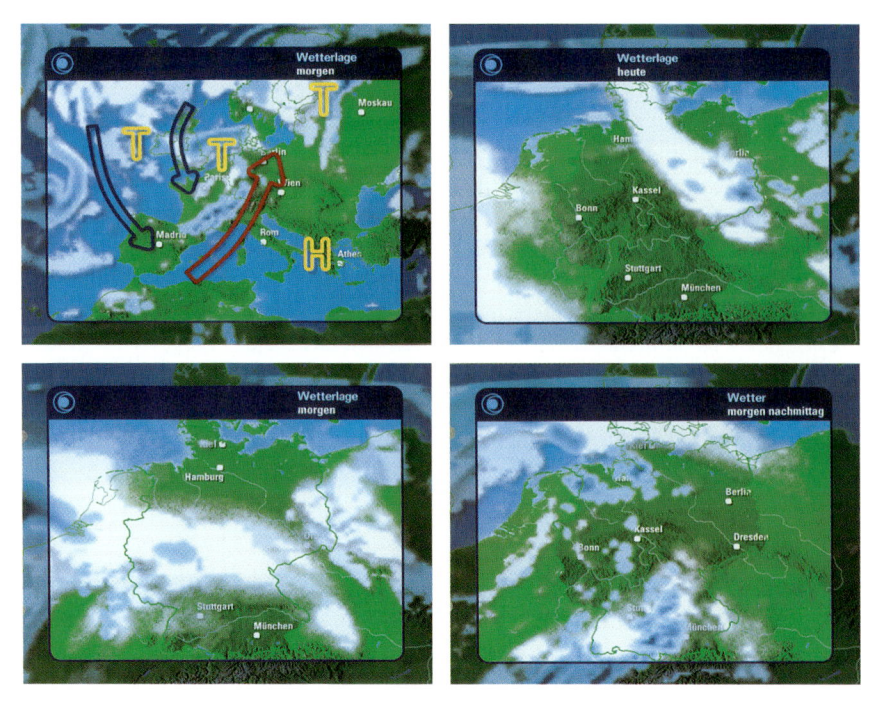

Abb. 3: *(links oben) Beispiel für eine Wolkenvorschau – ähnlich aufbereitet wie ein Satellitenfilm – ergänzt durch erklärende Symbole*

Abb. 4, 5, 6: Beispiel für eine Wolkenvorschau für Deutschland (Zeitraum 24 Stunden), die als Loop läuft. Dadurch kann der Zuschauer die zeitliche Entwicklung des Wetters besser einordnen, die kontinuierliche Entwicklung des Wetters verfolgen. Auszüge aus der Vorschau: erstes Bild: abends 18.00 Uhr, 2. Bild: morgens 6 Uhr, 3. Bild nächster Abend 18 Uhr.

Im Fernsehen steht immer die Forderung im Raum: Soviel Information wie möglich, in so wenig Zeit wie möglich. Diese Forderung ist weitaus schwieriger zu erfüllen als bei unbeschränkter Zeit, jede Einzelheit ausführlich zu behandeln. Wegen der bekannten Tatsache, daß der Kunde Zuschauer sich nur etwa sieben Informationseinheiten in kurzer Zeit merken kann, sollte dieser Grundsatz eigentlich für alle Karten gelten. Werden mehr Informationen vermittelt, riskiert man, daß die Information nur lückenhaft ankommt.

Fazit

Man braucht sich nicht aller möglicher ablenkender Maßnahmen – Show- und 3-D-Effekte, virtueller Frösche oder sonstigen Getiers – zu bedienen, um gute Wetterberichte zu machen. Wetter ist eine seriöse Information, die zwar unterhaltsam verpackt vorgetragen werden kann, aber als „Wetterfrosch" bewegt man sich auf einem ganz schmalen Grad zwischen Unterhaltung und Wissenschaft. Da der Wetterbericht in den meisten Fällen mit der Nachrichtensendung gekoppelt ist, ist eine gewisse Neutralität ohnehin erforderlich. Bewegte grafische Wetterelemente verbessern nicht unbedingt die Informationsaufnahme, sondern erhöhen eher den Unterhaltungswert und lenken von der eigentlichen Information ab.

Zwar wird es in Zukunft sicherlich möglich sein, daß sich jeder seinen Weg zur Arbeit in einer virtuellen Welt in seinem PC inklusive Wetter anschauen kann, aber es wird auch zukünftig die Fachfrau oder der Fachmann notwendig sein, um komplexe Zusammenhänge des Wetters zu vermitteln.

Ein Blick nach Amerika zeigt übrigens, daß sich das Wetter an dieser Front, die eigentlich federführend ist für die Gesamtentwicklung, ziemlich beruhigt hat. Sie beschränkt sich im wesentlichen auf die Vermittlung von Tatsachen und Wissenswertem zum Wetter, selbst die 3-D-Flüge sind weitestgehend wieder verschwunden.

Dipl.-Met. Inge Niedek hat in Berlin (FU) studiert und ist als Meteorologin für das ZDF tätig.
E-mail: Inge.Niedek@t-online.de

3.8 Immer schönes Wetter – zur Bedeutung von Wetterinformationen im Alltag und in den modernen Medien
Raimund Klauser

„Alle reden vom Wetter..." – und wie! Das persönliche, aus unserem Alltag nicht wegzudenkende Gespräch über das aktuelle Wettergeschehen weist ganz neue Qualitäten auf. Wenn nämlich Prognosen voneinander abweichen, aber nicht nur dann, wird gerne die jeweilige Informationsquelle abgeglichen und deren Zuverlässigkeit unter Hinweis auf Sender- oder Moderatorennamen verhandelt. „Kachelmann" ist zum Inbegriff für eine bestimmte Sorte von Wetterberichten avanciert und wird ggf. energisch gegen „die vom ZDF" ins Feld geführt. Wettergespräche dieser neuen Art verweisen auf die massive Vervielfältigung, Ausdifferenzierung und geänderten Präsentationsformen insbesondere von audiovisuellen Medienangeboten.

Für die breitenwirksame Wetterinformation steht heute mit den entwickelten Massenmedien ein respektables und grundsätzlich sehr leistungsfähiges Spektrum von Informationsmitteln zur Verfügung. Ganz besonders das Fernsehen könnte zur qualitativen Optimierung der Informationsarbeit über das aktuelle Wettergeschehen und mitsamt seiner Grundlagen genutzt werden.

Dies ist Anlaß genug, um vor dem Hintergrund eines gestiegenen Bedarfs an Wetterinformationen eine Zwischenbilanz zu versuchen, ob und inwieweit die mit

Abb. 1: „*Alle reden vom Wetter...*" *– und wie! Insbesondere wenn Unwetter oder eindrucksvolles Wetter herrscht oder aufzieht (Foto: P. Parviainen)*

modernen Massenmedien gebotenen Chancen auch tatsächlich für die Bedarfsbefriedigung genutzt werden. Die Umschau im Ensemble der tagesaktuellen Massenmedien ergibt in dieser Hinsicht einen insgesamt skeptischen Befund, der hier in sieben Statements zusammengefaßt ist.

1. **Der Bedarf an Wetterinformationen hat stark zugenommen. Ursächlich dafür sind vor allem die gestiegene räumliche Mobilität und ein geändertes Freizeitverhalten.**

Ohne hier den inzwischen gängigen Vorstellungen von einer „Mediengesellschaft" weiter nachgehen zu wollen, ist eines herauszustellen: Die alltägliche Bedeutung von Wetter ist ohne die Vermittlung durch Medien nicht zu realisieren. Der Zusammenhang zwischen der individuell wahrgenommenen Eingebundenheit in die natürliche Umwelt, in diesem Falle dem Wettergeschehen, ihrer Verarbeitung und Einbettung im individuellen und sozialen Handeln und der Informationsfunktion der Medien scheint unauflöslich geworden zu sein. Das läßt sich für das alltägliche Wettergespräch leicht nachvollziehen und wird noch bedeutsamer, wenn der pragmatisch-verhaltenswirksame Stellenwert von Wetterinformationen im Zusammenhang damit bedacht wird, daß sich die räumliche Mobilität gravierend erhöht hat: Ich denke dabei weniger an das weiter gestiegene Verkehrsaufkommen für die Produktion und Verteilung von Gütern und Waren. Vielmehr haben auch berufliche, familiäre und vor allem touristische Aktivitäten stark zugenommen. Sog. Out-door-Sportarten haben sich stark ausgebreitet und außerhäusliche Freizeittätigkeiten werden häufiger und aufwendiger denn je ausgeübt (z. B. Ausstellungsbesuche, die heutzutage ggf. über mehrere hundert Kilometer Wegstrecke absolviert werden). Insgesamt hat sich der Stellenwert der Einschätzbarkeit des Wettergeschehens gravierend gesteigert, er reicht inzwischen über eine individuelle „Entscheidungshilfe für beabsichtigte Tätigkeiten" (Wehry 1991, 55) weit hinaus.

Denn dies alles gilt natürlich auch für Lebensgefährten und Kinder, Freunde, Bekannte und Verwandte, Arbeitskollegen usf., und das eigene wetterabhängige Wohlbefinden und Entscheidungsverhalten stellt nur noch einen Faktor neben anderen dar; in bestimmten Situationen werden Wetterinformationen im Hinblick auf andere Menschen sogar als ebenso bedeutsam wahrgenommen wie für den eigenen Alltag (z. B. bei extremen Wetterereignissen in einem Urlaubsgebiet, in dem sich Verwandte aufhalten). Außerdem hat sich die Klimadebatte (Stichworte: Treibhauseffekt, Ozonloch) mit den daran gekoppelten, gesellschaftlich und politisch bedeutungsvollen Zukunftsfragen verschärft. Diese Debatte scheint in ihrer relativen Folgenlosigkeit zwar „an einem toten Punkt angelangt" (Stehr/v. Storch 1997), sie schwingt dennoch – meist wenig sachkundig und von Stereotypen geprägt – im Reden über Wetter und beim Austausch von Wetterinformationen mit. Wetterberichte sind nicht mehr nur noch Berichte über Wetter, denn Wetter bzw. Witterung werden unter dem Eindruck der öffentlichen Debatte vom naturwissenschaftlichen Laien als Wirkungen von Klima wahrgenommen (vgl. ebda.) und bewertet.

2. Die Anforderungen der Menschen an Wetterinformationen sind hoch. Dabei kommt es nicht nur auf die Quantität an, sondern auch auf die Qualität.
DEN Wetterbericht für wirklich jeden Bedarf hat es wohl niemals gegeben, heute jedenfalls ist er schlicht unvorstellbar. Aus den – wie eben skizziert – geänderten, vielfältigen Lebensbedingungen ergeben sich weitreichende Anforderungen an die Aktualität und Genauigkeit von Wetterinformationen, die ein ganzes Bündel von Erwartungen darstellen: Ein Wetterbericht muß immer wieder aktuell und auf lokale Räume beziehbar sein, und zwar für alle Orte und Wegstrecken, an denen man sich selbst zur Zeit, in den nächsten Stunden, Tagen usf. aufhält oder aufhalten wird, eingeschlossen die Aufenthaltsorte und Wege vertrauter Menschen. Für diesen großen Einzugsbereich muß der Wetterbericht beobachtend, prognostizierend und vor allem *richtig* sein, also als zutreffend erlebt werden können oder mindestens als *verläßlich* bei einer zugestandenen Fehlertoleranz; „Meteorologen lügen sowieso" wird immer gesagt, verbunden mit der festen Zuversicht, daß Meteorologen ja wohl wissen müssen, wovon sie reden. Wetterinformationen sind einfach zu wichtig, als daß man sich selbst oder anderen zugestehen könnte, ohne möglichst verläßliche Auskünfte auskommen zu können.

Die kontinuierliche Nachfrage nach Informationen zum aktuellen und erwarteten Wetter wird an erster Stelle von den Massenmedien mit ihren hohen Tagesreichweiten bedient. An einem durchschnittlichen Werktag des Jahres 1995 wurden in den alten Bundesländern 46% der deutschen Bevölkerung ab 14 Jahren nicht nur durch ein einzelnes Medium, sondern durch Fernsehen, Hörfunk und Tageszeitung gleichzeitig erreicht (Berg/Kiefer (Hg.) 1996, 62), und in ganz Deutschland sahen 58% an einem solchen Tag Nachrichtensendungen des Fernsehens (ebda., 186), dabei höchstwahrscheinlich mit besonderer Aufmerksamkeit den Wetterbericht. In praktisch allen Untersuchungen, in denen nach Interessen an einschlägigen Medienangeboten gefragt wird, rangieren Wettermeldungen auf den vordersten Plätzen; sie scheinen sogar das einzige Thema zu sein, nach dem Zuschauer in einer Nachrichtensendung des Fernsehens aktiv suchen (Gantz et al. 1991), und das dürfte auch für andere Medien gelten: Wetterinformationen werden als prägnante, für das eigene angemessene Verhalten benötigte Nachricht erwartet, nicht als lediglich unterhaltsames, unverbindliches Nebenher.

Tatsächlich werden auf das tägliche Wettergeschehen bezogene Informationen als „High-Involvement-Information" (Bringmann 1991, 102) gezielt gesucht, wahr- und auch ernstgenommen. (Das war allerdings auch schon früher so.) Wetterinformationen „kommen an", aber nur dann – das ist eine allgemeine Regel von Medienwirkung – wenn den Berichten, Hinweisen und Kommentaren Sinn zugewiesen werden kann, der sich aus der Bedeutung für den individuell jeweils unterschiedlichen Alltag ergibt. In meteorologischer Hinsicht mögen viele Menschen Laien sein – für ihren Alltag sind sie DIE Experten. Für die Bedeutungskonstruktion benötigen diese

Experten ggf. andere, weitere und weiterführende Informationen als die auf eine schlichte „Wetter-Grundversorgung" (Bewölkung, Niederschlag, Temperatur, Wind, ggf. Eisbildung und Schneebedeckung) reduzierten Wetterberichte; so gestaltete Wetterinformationen stellen auf ein „Reiz-Reaktions-Modell" ab, nicht auf „Verstehen" oder wenigstens die Förderung von Verständnis. Die immer wieder eingeforderte Allgemeinverständlichkeit ist keineswegs das Nonplusultra. Bei „da kommt ein Tief heran" endet bereits die Allgemeinverständlichkeit für die einen Zuschauer, während für andere Zuschauer die Details der Wetterentwicklung noch bei weitem nicht ausreichend dargestellt werden. Schon aus diesem Grunde muß die „Gratwanderung zwischen korrekt-umfassender und verkürzt-verständlicher Information" (Schönwiese 1992, 15) ständig neu unternommen werden.

3. Die Darstellungsmöglichkeiten für Wetterberichte, auch für Hintergrundinformationen, für Wissen über Wettergeschehen und Klima sind heute so hoch wie noch nie. Aber beim Fernsehen ist das Publikum unzuverlässig geworden.

In Deutschland besteht heute hinreichende Gelegenheit, die eben skizzierten Bedürfnisse und Anforderungen öffentlichkeitswirksam und dennoch differenziert bedienen zu können. Während die tagesaktuellen Printmedien auf hohem Niveau stagnieren (bei Tageszeitungen sind höhere Reichweiten nur noch schwer vorstellbar), hat sich bei den elektronischen Medien mit der Einführung des Dualen Rundfunksystems das Angebot von Fernsehen und Hörfunk vervielfacht und rund um die Uhr ausgedehnt. Überdies ist die Leistungsfähigkeit von Aufnahme-, Übermittlungs- und Sendetechnik immens gestiegen und bis noch vor kurzem unbekannte On- und Offline-Medien und Datenbanken können in den elektronischen wie auch den gedruckten Massenmedien direkt verwertet werden. Dieses vernetzte Medienensemble stellt eine prinzipiell ideale Plattform für Informationen dar, die nicht nur die gewohnte „Wetter-Grundversorgung" sicherstellen, sondern beträchtlich darüber hinausreichen können.

Das audiovisuelle und allseits beliebte Medium Fernsehen könnte in diesem Prozeß der Vermittlung auch von Hintergrundwissen eine zentrale Rolle spielen. Genau an dieser Stelle muß auf eine Entwicklung hingewiesen werden, die einerseits die Chancen gleich wieder zu reduzieren scheint, andererseits eine anspruchsvolle Herausforderung darstellt: Von DEM Publikum kann keine Rede mehr sein. Die Zuschauerschaft der elektronischen Massenmedien ist ja nicht nur im Zuge des sozialen Wandels, sondern auch durch die neu gewonnene (Fernbedienungs-) Wahlfreiheit zwischen zahlreichen Sendern und Programmen, Sendungen und Teilen davon, in Fragmente zerfallen. „Das Publikum" zappt sich durch die diversen Programme und zwischen den Medien herum und ist in dieser Hinsicht zutiefst unzuverlässig geworden; wenn es an einem Ort erreicht werden soll, hält es sich schon längst am nächsten auf oder ist über viele Orte verstreut.

In dieser Situation ist es außerordentlich schwierig geworden, Wetterberichte (oder gar mehr) so zu planen, herzustellen und erfolgreich an Frau und Mann zu bringen, daß neben einem als Kontakt-*Wahrscheinlichkeit* berechenbaren, überdies fluktuierenden Zuschauersegment auch ein weiterer Kreis adäquat bedient werden kann. Der herkömmliche Weg, wie in der Werbung eine Art „Schrotschuß" loszulassen, funktioniert nur noch auf meteorologischem Minimalniveau und an einigermaßen verläßlichen Sendeplätzen, den Nachrichtensendungen, weil sich dort regelmäßig eine größere und interessierte Zuschauerschaft versammelt. Gegensteuern – und das ist die Herausforderung – ließe sich angesichts gewaltiger Medienkapazitäten durchaus: durch die Entwicklung eines eigenständigen Profils und zusätzliche Sendezeit für die nachhaltige Vermittlung auch von vertiefenden und weiterführenden Informationen.

4. Das Fernsehen ist das Leitmedium. Wetterinformationen im Fernsehen drohen aber Banalisierung und Marginalisierung durch Einpassung ins Programmumfeld, Ästhetisierung, Werbung als Wetter und Wetter als Werbung.
Es muß nochmals hervorgehoben werden: Für eine Optimierung von öffentlichkeitswirksamen Wetterinformationen sind die heute hoch entwickelten Darstellungsmöglichkeiten zusammen mit der hohen Akzeptanz des Leitmediums Fernsehen eine nachgerade ideale Ausgangsposition. Schon eine erste Bestandsaufnahme im weiten Feld des Fernsehens ernüchtert jedoch sehr schnell: Trotz augenfälliger Retuschen an den Oberflächen scheint alles beim Alten geblieben zu sein. Aber ein Haken ist ebenso offensichtlich dabei: Das Fernsehen hat Wetterberichte in einem solchen Ausmaß vereinnahmt, daß Marginalisierung und damit Einbußen der Informationsleistung drohen.

a) Trotz erheblich gestiegener Kapazitäten hat der Anteil von Wetterinformation an der Programmleistung des Fernsehens nicht zugenommen, sondern sich sehr wahrscheinlich sogar reduziert.
Meines Wissens hat noch niemand exakt ausgerechnet, wie sich im Zuge der Vervielfachung der Sender und Sendezeiten die Sendeanteile für Wetterinformationen entwickelt haben. Eine überschlägige Abschätzung, bei der zwischen privat-kommerziellem und öffentlich-rechtlichem Rundfunk unterschieden werden muß, ergibt Folgendes:

Für die Privaten ist das Thema Wetterinformation schnell abgearbeitet. Mit dem Wetterkanal hat es eine Art „Super-Versorgung" gegeben, die nach guten 1 1/2 Jahren aus rein ökonomischen Gründen schon wieder beendet war (Abb. 2). Was die anderen privaten Sender angeht, gilt dort der absolute Vorrang der Unterhaltung vor der Information, von Bildung ganz zu schweigen. Daher ist es nur konsequent, daß im Jahr 1997 aktuelle Wettersendungen z. B. bei SAT.1 nur 0,3% (4 Sendeminuten) und bei PRO SIEBEN lediglich 0,1% (1 Sendeminute) der durchschnittlichen täglichen Programmleistung ausmachten (Krüger 1998, 318f.).

Bei den öffentlich-rechtlichen Sendern sieht es in Sachen Wetterinformation etwas besser aus. 1997 betrug der durchschnittliche tägliche Anteil aktueller Wettermeldungen bei ARD und ZDF 0,4%, das sind 6 bzw. 5 Sendeminuten (ebda.). Informationsleistungen erbringen allerdings auch – hier nicht genauer quantifizierbar – 3sat, die Dritten Programme mit ihren Regional-Wetterberichten, sowie einige ggf. meteorologisch einschlägige Natur- und Wissenschaftssendungen (die bei den Privaten ein sin-

Abb. 2: *Wetterkanal am 13.2.1998: Ein Spartenprogramm vor dem Ende*

guläres Schattendasein fristen). Leider weisen die veröffentlichten Programmanalysen nicht aus, ob die „Werbewettersendung" (Jörg Kachelmann) der ARD und die aus den Nachrichtensendungen ins Werbumfeld abgeschobenen bzw. gesponserten Wetterpräsentationen des ZDF in der Statistik den Wettermeldungen oder der Werbung, Untergattung „andere Werbeformen", zugerechnet worden sind. In dieser Gemengelage von nachrichtlicher Information und Werbung ist selbst für die öffentlich-rechtlichen Sender ARD und ZDF nicht mehr genau bestimmbar, welchen Anteil Wetterinformationen an der gesamten Programmleistung haben.

Auch wenn wirklich vergleichbare Daten aus den „guten alten Zeiten" des öffentlich-rechtlichen Fernsehens nicht vorliegen, deuten die statistisch ausgewiesenen Anteile jedenfalls nicht auf einen Zugewinn hin. „Und nun noch das Wetter..." – der Wickert'sche Seufzer meint ja vielleicht nur, daß nun die Fortdauer des Regens verkündet werden muß. Als Bestandteil von Nachrichtensendungen oder am Rande des Hauptprogramms haben Wetterberichte ihren Platz gerade noch behaupten können.

b) Wetterinformationen sind in das senderspezifische Programmumfeld eingepaßt worden. Gründe dafür sind der zentrale Primat des „Corporate Design", die Abgleichung mit einem kunterbunten Werbeumfeld und der allgemeine Trend zur Ästhetisierung. Im Fernsehen herrscht immer schönes Wetter!
In Folge der Dualisierung des Rundfunks zählen Marktanteile, d.h. der Konkurrenz temporär entzogene Zuschauer, inzwischen mehr als die absolute Sehbeteiligung, die

ein Sender bzw. eine Sendung auf sich konzentrieren kann. Im auf längere oder kürzere Sicht – so muß man es nennen – Verdrängungswettbewerb der Sender wird dem „Corporate Design", der einheitlichen, von Mitbewerbern unzweifelhaft unterscheidbaren Erscheinungsform nicht ganz zu Unrecht eine große Bedeutung beim Kampf um Marktanteile zugemessen. Da lassen selbst Wettersendungen keine Ausnahme zu.

Von der Farbgebung über die jeweils zugestandenen Sendesekunden bis hin zum Sprechtempo der Präsentatoren sollen Wetterinformationen mit dem jeweiligen Umfeld übereinstimmen. In dieser, von überbordender Ästhetisierung gezeichneten Entwicklung greift die Frage nach mehr oder weniger genutzten Chancen für eine Optimierung nur noch ins Leere. Selbst den gewohnten Wetterberichten droht Seriositätsverlust bzw. Einebnung in der Wahrnehmbarkeit durch die Zuschauer, wenn Gestaltungsmittel gewählt werden, mit denen allein auf visuelle Attraktivität gesetzt wird und eine prägnante, spezifisch profilierte Darbietung darin untergeht. Dafür einige wenige Beispiele:

Ästhetisierung der Abbilder und verwendeten Symbole:
Drucksymbole, stilisierte Isobaren und Fronten werden schon seit längerem mit Schatten unterlegt. Nun aber schweben auch Wolken – was ja noch einigermaßen nachvollziehbar ist – und Regentropfen schattenwerfend und möglichst fotorealistisch daher, und die jeweilige Farbgebung soll Harmlosigkeit oder Bedrohung signalisieren. Die Ästhetisierung umfaßt das gesamte Präsentationsbild, was sich besonders augenfällig an der exzessiven „Windowsierung" im ZDF erkennen läßt (Abb. 3).

Bild-Animationen allein zu Unterhaltungszwecken:
Die Zuschauer können animierten Satellitenaufnahmen und entsprechend gestalteten prognostischen Darbietungen einige Bedeutung für die Einschätzbarkeit des Wettergeschehens zuweisen, auch weil sie ihnen eingehend erklärt werden (Abb. 4). Dagegen stellen die zusätzlich angebotenen (auf ausgewählten Routen im mehrfachen Überschallbereich, zum Glück nur virtuell absolvierten) sog. „Wetterflüge" ein allein unterhaltsames Element dar; die dafür verwendete Sendezeit geht für anderes verloren.

„Weathertainment" als eigenes Sendeformat:
Da es ja der Rezipient ist, der Bedeutung konstruiert und Sinn zuweist, stellt sich die gängige Trennung von Information und Unterhaltung als sehr künstlich heraus; selbst nüchterne Sachinformationen können als unterhaltsam empfunden werden. Von daher ist gegen „Weathertainment" nichts zu sagen. Es wird aber in sein Gegenteil verkehrt, wenn es nicht mehr in der unterstützenden Verwendung unterhaltsamer Elemente besteht, sondern z. B. die präsentierende Person sich selbst inszeniert, persönliche Reiseeindrücke erzählt und Landschaftsbilder usf. gezeigt werden. Dann wird Wetterinformation zur Nebensache und der unterhaltende Anspruch überlagert

Abb. 3: ZDF am 29.6.1998: Drei Fenster im Fenster im Fernseh-Fenster zur Welt, und der Präsentator muß für kurze Zeit das Feld räumen.

Abb. 4: ARD am 2.3.1998: Die Wetterfronten scheinen der beschwörenden Gestik zu folgen.

den informierenden. – Unberührt bleibt, daß aus Zuschauersicht die persönliche Präsentation von Wetterinformationen die Glaubwürdigkeit durchaus verstärken kann (Bringmann 1991, 105) und für Gehörlose sogar unverzichtbar ist, damit gesprochene Texte durch Gebärdensprache mitgeteilt werden können (Abb. 5).

c) Wetterberichte werden mit Werbung gekoppelt:
Von der Sache her haben Wetterinformationen und Werbung nichts miteinander zu tun. Die Zuschauer wissen sehr wohl zwischen beidem zu unterscheiden. Problematisch ist hingegen die naheliegende Reduzierung von Informationsleistung und Glaubwürdigkeit durch die Verknüpfung von Werbung und Wetterinformation; in

Abb. 5: Phoenix, 29.6.1998: Für Gehörlose ist eine Präsentation für die Übermittlung gesprochener Texte unerläßlich.

Wettersendungen können Werbebotschaften ebenso wie sachfremde Einblendungen nur ablenken (Abb. 6). Und eingelagerte Werbung für Wetterinformationen z. B. via Telefon stellt den aktuell-verläßlichen Anspruch der Sendung überhaupt zur Disposition (Abb. 7).

Es bleibt festzuhalten: Fernsehen macht aus wirklich allem Fernsehen, ebnet dabei auch die Wetterberichte ein und banalisiert sie nach Kräften. Die heute großartigen Möglichkeiten des Mediums für die Vermittlung von Hintergrundwissen, durch das Wetterberichte besser verstanden und die Informationsleistung erhöht werden könnte, bleiben im bundesdeutschen Fernsehen ungenutzt. Ein Blick über die Gren-

Abb. 6: n-tv am 29. 6. 1998: Resi zeigt sich im kunterbunten Frontengewand; Daimler-Benz (x) notiert +1,90

Abb. 7: ZDF am 2. 3. 1998: Wem ist denn nun zu glauben? Gibt es unter einer 0190er-Nummer vielleicht besseres Wetter?

zen belehrt darüber, daß schon mit einfachen Mitteln viel erreicht werden kann. Im Schweizer Fernsehen werden an Wetterberichte kurze Informationsfilme angeschlossen, in denen Genese, Erscheinungsformen usf. von Wetter erklärt werden, und z. B. in den USA wird aus meiner Sicht gut gelungenes „Weathertainment" praktiziert. Dafür ein Beispiel:

Channel 4 in Buffalo – eine bekanntlich wettermäßig turbulente Gegend mit schweren Schneestürmen in den Wintermonaten – ist ein lokaler Nachrichtensender der Rundfunkgesellschaft WIVB. Weather Director Don Paul ist von Anfang an in die Nachrichtensendungen integriert und hat dann seinen Hauptauftritt meist im dritten Fünftel der Sendung. Dafür hat er gute 50 Sekunden Zeit, die er zum Leidwesen der Regie gerne und skrupellos überzieht, um eingehend über Wetterlage und Wetterentstehung zu informieren. Zur Erhöhung der Glaubwürdigkeit wird die „4 degree guarantee" veranstaltet. Immer wenn eine Temperaturvorhersage von Don Paul mit einer Toleranz von 4° Fahrenheit *eingetroffen* ist, gibt es Dollars in einen Jackpot. Über die Ergebnisse wird laufend informiert (Abb. 8); der Jackpot wird später unter den Zuschauern ausgelost, die sich mit einer Postkarte beim Sender gemeldet haben.

Abb. 8: Channel 4, Buffalo, Dezember 1997: Der Jackpot-Stand der „4 degree guarantee". Das Dollar-Zeichen ist kein neues meteorologisches Symbol.

5. Der Videotext ist ein vernachlässigtes Medium.
Einen gewissen Ausgleich zur defizitären Wetter-Präsentation im bundesdeutschen Fernsehen könnte der in der Austastlücke des laufenden Programms gesendete Videotext darstellen, der ein nicht zu unterschätzendes Potential für die Verbreitung von Wetterinformationen bietet. Die graphischen Darstellungsmöglichkeiten sind sehr beschränkt, die von den Sendern für Wettermeldungen z. Zt. verwendeten Seiten auch, aber die Vorteile sind offenkundig: Ständig aktualisierbare Wetterinformationen können für unterschiedliche Nutzungsinteressen differenziert angeboten und vom Rezipienten rund um die Uhr wiederholt und in aller Ruhe gelesen werden; videotexttaugliche Fernsehgeräte stehen in über 70% der Fernseh-Haushalte zur Verfügung.

Die Reichweite von Videotextangeboten ist vergleichsweise niedrig: An einem durchschnittlichen Wochentag des 3. Jahresquartals 1997 griffen 6,8% der Personen ab 14 Jahren bzw. 10,1% der entsprechend ausgerüsteten Haushalte darauf zu. (Media Perspektiven Basisdaten 1997, 82). Diese Reichweite könnte sich bei einem ausführlicheren Angebot an Wetterinformationen eigentlich nur erhöhen. Ihr Umfang hängt allein von der Zahl der dafür verwendeten Seiten und natürlich auch von deren Gestaltung ab. Kartographische Darstellungen sind wegen ihrer geringen Auflösung Platzverschwendung (Abb. 9), aber alphanumerische Texte lassen sich reichlich und gut strukturiert darbieten. Selbst technikängstliche ältere Menschen benötigen nur wenig Handfertigkeit, um mit diesem für die Nutzer kostenneutralen Medium umgehen zu können.

Ein vorsichtiger Blick in die medientechnologische Zukunft enthüllt allerdings die mögliche Ablösung von Videotext durch Internet via Fernsehgerät. An dieser Zugriffsmöglichkeit auf ein für Wetterinformationen wirklich optimales Trägermedium (s. u.) wird bereits gearbeitet. Die Deutsche Telekom hat angekündigt, daß mittels Broadcast Online TV (BOT) und Set-Top-Box ausgewählte Internet-Inhalte – selbstverständlich mitsamt unabweisbarer Werbung – über Kabel erreichbar werden sollen.

Abb. 9: Bayerntext am 29. 6. 1998: Das ist also eine „Wetterkarte", jedenfalls laut Videotext-Inhaltsangabe.

6. Der Hörfunk ist ein zuverlässiger Taktgeber geworden. Zusammen mit den Tageszeitungen bildet er die Hauptinformationsbasis zum aktuellen Wettergeschehen.
Seit 1985 hat der Hörfunk eine besondere Entwicklung durchlaufen, die sich u. a. in Programmdynamisierung, der Einführung von Spartenwellen und – was für Wetterinformationen besonders interessiert – im engen Takt von Nachrichtensendungen niedergeschlagen hat. In diesem Zuge sind Wettermeldungen als Bestandteil von Nachrichtensendungen kürzer und prägnanter geworden, die Wetterlage wird nur noch selten dargestellt bzw. bleibt ins laufende Programm eingestreuten Interviews und Berichten vorbehalten. Immerhin stellt der Hörfunk stündlich, in manchen Morgenprogrammen sogar halbstündlich die – via Autoradio auch mobile – Grundversorgung mit Wetterberichten und Warnmeldungen sicher.

Die Tageszeitungen sind ein weiteres Standbein der Grundversorgung. Sie erreichen über 80 % der deutschen Wohnbevölkerung ab 14 Jahren, haben damit eine sehr hohe stabile Reichweite und verfügen als Printmedien über günstige Darstellungsmöglichkeiten für Wetterberichte in Bild und Text nebst Kommentierungen, Hintergrundberichten usf.. In Bezug auf die Aktualisierbarkeit sind sie im Vergleich zu den elektronischen Medien im Nachteil, hinsichtlich Rezeptionsfreundlichkeit, Verständlichkeit und Informationsbreite aber im Vorteil. Auf Seiten der Rezipienten ist von einem Zusammenspiel von gedruckten und elektronischen Medien auszugehen, das sich etwa so skizzieren läßt: Am Morgen erlaubt der Hörfunk die Aktualisierung der gerade gelesenen Zeitungsmeldungen, tagsüber sichert der Hörfunk, ggf. auch Videotext, die weitere Aktualität, und am Abend werden mit dem Fernsehen die Bilder zugeliefert, an die wiederum am nächsten Morgen angeknüpft werden kann.

7. Im Vergleich aller Medien ist das Internet das prinzipiell leistungsfähigste Trägermedium für Wetterinformationen. Es ist aber ein exklusives Medium und wird es auf absehbare Zeit auch bleiben.

Die wohl weitestgehenden Möglichkeiten für die Verbreitung und Inanspruchnahme von Wetterinformationen bieten sich mit dem Internet an. Beispielhaft läßt sich das an den sog. interaktiven Wetterkarten erkennen, die jetzt auch in Deutschland den Zugriff auf regionale oder sogar lokale Prognosen erlauben: Kleinräumige Informationen gibt es reichlich, aber bei weitem nicht lückenlos (Abb. 10). Ansonsten sind Wetterdaten, Prognosen, Wetterkarten, Satelliten- und Radarbilder usw. für viele Meßstationen rund um den Erdball bei höchster Aktualisierbarkeit (wenn auch nicht immer höchster Aktualität) abrufbar. Angeboten wird auch schon meteorologisches Hintergrundwissen in Glossaren und Datenbanken, und sogar sattsam bekannte Wettergeräusche kann man sich anhören (auf der „Wetter-Funpage" des Schweizer Fernsehens).

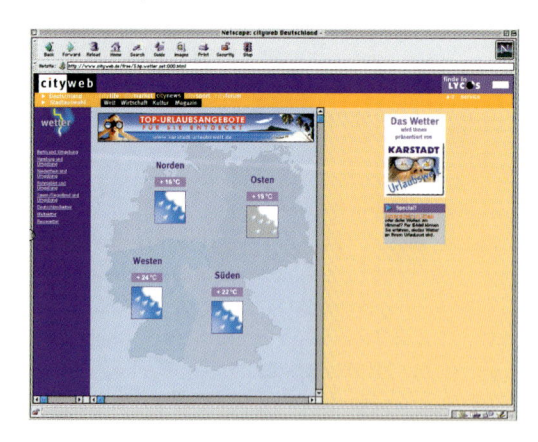

Abb. 10: Cityweb online: Interaktive Wetterkarte für NRW. Sogar für Siegen sind Wetterdaten vorrätig, aber was ist mit Olpe gleich nebenan?

Im Vergleich zu diesem differenzierten und umfassenden Informationsangebot nimmt sich die tatsächliche Nutzung nachgerade kärglich aus. In Deutschland jedenfalls sind laut IW/Prognos z. Zt. lediglich 7% der Haushalte mit einem geeigneten PC und Online-Zugang ausgestattet. Nur gute 10% der Wohnbevölkerung ab 14 Jahren verfügen über eine Zugangs*chance* zu Online-Diensten und damit grundsätzlich auch zum Internet (vgl. van Eimeren et al. 1998), vor allem von Betrieben und Bildungseinrichtungen aus. Die Soziodemographie der Nutzer weist dann auch die zu erwartende Schräglage auf: Personen mit höheren Bildungsabschlüssen sind drastisch überrepräsentiert, und allein 20% der Online-Nutzer sind Studierende oder Schüler (ebda., 426).

Einen Hinweis auf den Stellenwert von Wetterinformationen via Internet liefern neueste Ergebnisse des „GfK Online Monitors" (vgl. GfK Medienforschung 1998). Danach greifen in Deutschland 3,2 Mio. Personen täglich auf das Internet zu. Nach den GfK-Daten zu den Interessenschwerpunkten der Nutzer *könnten* darunter etwa 1,5 Mio. Personen sein, die Wetterinformationen welcher Art auch immer abrufen; das entspräche einer Tagesreichweite von 2,4% in der Wohnbevölkerung ab 14 Jahren.

Diese 2,4% sprechen für sich, sie stehen in keinem angemessenen Verhältnis zu den hervorragenden Möglichkeiten dieses Trägermediums für Wetterinformation. Trotz voraussichtlich weiter steigender Anschlußzahlen und der geplanten Zusammenführung von Internet und Fernsehgeräten (s.o.) ist kaum anzunehmen, daß mit dem Internet in den nächsten Jahren mehr als eine exklusive Minderheit der Bevölkerung Deutschlands erreicht werden kann. Die weitere Entwicklung bleibt abzuwarten.

Resümee

Der angestiegenen Bedeutung von Wetterinformationen für den Alltag steht ein differenziertes Set von modernen Informationsquellen unterschiedlicher Leistungsfähigkeit gegenüber. Im Zusammenspiel der Medien könnte die große und intensive Nachfrage also massenmedial durchaus befriedigt werden, sogar einigermaßen differenziert und weiterführend. Bei den Tageszeitungen geschieht das schon annäherungsweise, aber im Fernsehen bestimmt die gewohnte Wetter-Grundversorgung auf inhaltlichem Minimalniveau das Bild, ebenso im Hörfunk, und die ergänzende Funktion von Videotext bleibt weitgehend ungenutzt. Die gewonnenen Chancen zur Informations- und Wissensvermittlung werden eigentlich nur im Internet realisiert, dem aber zum gegenwärtigen Zeitpunkt keine Öffentlichkeitswirksamkeit unterstellt werden kann.

Die Kritik muß sich vor allem auf das Leitmedium Fernsehen beziehen, in dem durch Ästhetisierung und gefällige Präsentationsformen „immer schönes Wetter" verkündet wird. In diesem Zuge ist Wetterinformation zu einem nachhaltig wirksamen Medienereignis geworden, bei dem das persönliche Image der jeweils eingesetzten Präsentatoren eine offenbar ebenso wichtige Rolle spielt wie der eigentlich interessierende Sachverhalt. Im vom Kommerz geprägten Fernsehen ist Wetter zur Ware geworden: Wohl wissend um das eminente Interesse daran, werden Wetterinformationen nicht mehr nur als Nachrichten verbreitet, sondern auch zum attraktiven Lockvogel für den eigenen Sender und die über ihn ausgestrahlten Werbebotschaften umfunktioniert. Dabei werden die Spielregeln des Medienmarktes und der Werbung auf Wetterberichte angewendet, und für weiterreichende Informationsleistungen ist folglich kein Platz. Es sei denn, man könnte erweiterte Sendezeiten als Gegenleistung für das – wohlgemerkt auch für die Medien – kostbare Gut Wetterbericht aushandeln und sodann sinnvoll nutzen.

Literatur

Berg, Klaus/Marie-Luise Kiefer (Hg.) 1996: Massenkommunikation V. Eine Langzeitstudie zu Mediennutzung und Medienbewertung 1964–1995. Baden-Baden: Nomos. (Schriftenreihe Media Perspektiven, Bd. 14).

Bringmann, Detlev 1991: Aufnahme und Verarbeitung von Wetterinformationen: Überlegungen aus der Sicht eines Werbepsychologen. In: Werner Wehry (Hg.) 1991, a.a.O., 101–105.

Gantz, Walter/Michael Fitzmaurice/Ed Fink 1991: Assessing the active component of information-seeking. In: Journalism Quarterly 68, 4/1991, 630–637.

GfK Medienforschung 1998: GfK Online Monitor 2. Welle. Nürnberg September 1998. http://www.gfk.cube.net/website/mefo/onmo2.htm, 3.10.1998.

Krüger, Udo Michael 1998: Modernisierung bei stabilen Programmstrukturen. Programmanalyse 1997: ARD, ZDF, RTL, SAT.1 und PRO SIEBEN im Vergleich. In: Media Perspektiven 7/98, 314–330.

Media Perspektiven Basisdaten. Daten zur Mediensituation in Deutschland 1997. Frankfurt am Main: Arbeitsgemeinschaft der ARD-Werbegesellschaften 1997.

Schönwiese, Christian-Dietrich 1992: Klima im Wandel. Tatsachen, Irrtümer, Risiken. Stuttgart: Deutsche Verlags-Anstalt.

Stehr, Nico/Hans von Storch 1997: Das soziale Konstrukt des Klimas. http://w3g.gkss.de/G/ Mitarbeiter/storch/vdi.html, 24.10.1997.

van Eimeren, Birgit/Heinz Gerhard/Ekkehardt Oehmichen/Christian Schröter 1998: ARD/ZDF-Online-Studie 1998: Onlinemedien gewinnen an Bedeutung. In: Media Perspektiven 8/98, 423–435.

Wehry, Werner 1991: Meteorologische Informationen für jeden Bedarf? In: ders. (Hg.) 1991, a.a.O., 55-62.

Wehry, Werner (Hg.) 1991: Wetterinformation für jedermann – aber wie? Berlin: DMG-ZV Berlin und Brandenburg.

Dipl.-Soz. Raimund Klauser studierte 1968–1974 an FU und TU in Berlin und ist als Mediensoziologe am Institut für Empirische Literatur- und Medienforschung (LUMIS) der Universität-GH Siegen tätig.
E-mail: info@lumis.uni-siegen.de

3.9 Meteorologie im Internet
Dennis Schulze

Internet – die Innovation der 90er Jahre
Das Internet ist ein weltumspannendes Datennetz, das die einfache, kostengünstige und schnelle Kommunikation zwischen allen Teilen der Welt ermöglicht. Zur Teilnahme genügt im Prinzip die Verbindung zu einem anderen Rechner, der schon am Internet angeschlossen ist; in der Regel wickeln sogenannte Internet-Provider für den Privatkunden den Zugang ab.

Die technologischen Grundlagen für das Internet wurden bereits in den 60er und 70er Jahren durch das US-Militär gelegt. Es sollte damals zu Zeiten des Kalten Krieges ein Datennetz geschaffen werden, das seine Funktionsfähigkeit auch bei einer militärischen Auseinandersetzung behalten sollte. Dazu wurde nicht ein leicht verwundbarer Zentralrechner eingesetzt, sondern die Aufgaben wurden auf viele Computersysteme verteilt, die untereinander vernetzt waren. Die *Erfindung* des Internet liegt somit schon eine Zeitlang zurück, während die *Innovationsphase,* also die wissenschaftliche, private und kommerzielle Nutzung erst Anfang der 90er Jahre ihren Durchbruch fand. Ausschlaggebend waren neue Entwicklungen, wie das World Wide Web (WWW), welche die Benutzung des Datennetzes für jeden wesentlich erleichterte. Zudem konnten nun auch multimediale Quellen miteinander verbunden werden. Heute ist es selbstverständlich, auf einer WWW-Seite Grafik und Text nebeneinander darzustellen, zunehmend finden auch Video- und Audioanwendungen Zugang zum Netz.

Abb. 1: Wolkenfoto vom Dach des MC-Wetter-Gebäudes in Berlin-Britz am 28.9.1998: Mächtige Quellwolken zeigen an, daß demnächst kräftige Schauer niedergehen werden

Zu den wirklich revolutionären und auch gesellschaftlich relevanten Neuerungen gehören zum einen die weltweite Vernetzung, die bis dato nicht in dieser Form bestand, und zum anderen die Tatsache, daß diese Vernetzung jedem interaktiv zur Verfügung steht. Jedermann steht es frei, im Netz seine Informationen, Meinungen oder Produkte anzupreisen, ohne daß eine irgendwie geartete Regulierung stattfindet. Besonders drastisch wird diese Zeitenwende sichtbar, wenn man sich vor Augen führt, daß die Informationen weltweit in Sekundenschnelle verfügbar sind, wenn sie nur an einer Stelle im Internet veröffentlicht sind. Der Zugang zu Informationen läßt sich damit prinzipiell nur noch damit unterbinden, indem der gesamte Zugriff auf das Internet gesperrt wird, wie es einige weniger pluralistische Systeme vorführen. Insgesamt hat das Internet dazu beigetragen, daß in einer bisher nie dagewesenen Offenheit zwischen den Kontinenten kommuniziert werden kann. Im Moment sorgen vor allem sogenannte Suchmaschinen dafür, etwas Ordnung ins Informationschaos zu bringen (eine Auswahl ist in Tabelle 1 gegeben).

Zur Nutzung des Internets benötigt man zunächst einen Rechner, der an dieses Netzwerk angeschlossen ist, und zusätzlich noch einen sogenannten Browser, also Software, mit dem die Inhalte des Netzes am Bildschirm sichtbar gemacht werden. Um einzelne Internetangebote direkt anwählen zu können, ist das Wissen um deren Adresse (Uniform Resource Locator = URL) unabdingbar. Diese Internetadresse wird im folgenden immer mit angegeben.

Suchmaschine	Internetadresse	Schwerpunkt
Yahoo	www.yahoo.de	Katalogisierung in Themenschwerpunkte
AltaVista	www.altavista.de	Indizierung, Suche nach Stichwörtern
Dino-Online	www.dino-online.de	Katalogisierung, Regionalisierung in Deutschland
Fireball	www.fireball.de	Indizierung
Lycos	www.lycos.de	Suche nach Schlagworten und nach Stichwörtern

Tabelle 1: Auswahl von Suchmaschinen im Internet

Internet – liberalerer Zugang zu meteorologischen Informationen
Das Internet hat auch in der Meteorologie zu einer Öffnung geführt. Heute ist es jedermann möglich, zum Teil auch meteorologisches Rohmaterial im Netz zu finden. Dabei handelt es sich nicht nur um historische oder klimatologische Daten, sondern auch synoptische Daten sind in Echtzeit verfügbar. Bei den in Europa eher restriktiv

arbeitenden staatlichen Wetterdiensten ist diese Entwicklung sicherlich nicht auf besondere Gegenliebe gestoßen. Damit wird allerdings auch besonders deutlich vorgeführt, welche unterschiedlichen, datenpolitischen Ansichten diesseits und jenseits des Atlantiks vorherrschen. Man darf gespannt sein, wie sich dieser Gegensatz in der Zukunft weiterentwickeln wird. Zudem werden nationale und selbst EU-weite Regelungen mehr und mehr an Bedeutung verlieren, denn im virtuellen Handelsraum des Internets spielt es keine Rolle, wo sich der Rechner befindet, auf dem die Daten gespeichert sind. Demnach können Amerikaner mit geringem Aufwand erfolgreich meteorologische Informationen in und für Europa anbieten, und gleiches gilt in umgekehrter Weise.

Neben Anbietern von meteorologischen Rohdaten – die hauptsächlich auf private Initiativen an den Hochschulen zurückzuführen sind – haben sich auch zahlreiche Anbieter von Wetterinformationen für den Hausgebrauch entwickelt.

Weiterhin wird das Internet zunehmend für die internationale Zusammenarbeit zur Aus- und Weiterbildung genutzt. Lektionen können dabei europaweit genutzt werden.

Einige Angebote sollen exemplarisch hier vorgestellt werden:
www.ncdc.noaa.gov – National Climatic Data Center (USA)
Das NCDC bietet nicht nur amerikanische Klimadaten an, sondern hält auch weltweite Aufzeichnungen digital zum Abruf bereit. Dabei kann der Nutzer Teile der Daten auch online grafisch auswerten.

www.dmg-ev.de – Deutsche Meteorologische Gesellschaft
Hier stellt die DMG sich vor und verweist gleichzeitig auf ihre Zweigverbände in den Regionen. Die Informationen, die man in den Zweigverbänden abrufen kann, reichen von Terminangaben, über Vorstandsmitglieder bis zu Hinweisen und Fotos des Meteorologischen Kalenders der DMG, Zweigverein Berlin & Brandenburg. Insgesamt besteht hier sicherlich noch ein großes Potential, um weitere interessante Informationen über das Internet zur Verfügung zu stellen.

euromet.meteo.fr/index.html – EuroMet Projekt
Beim EuroMet-Projekt handelt es sich um eine europaweite Initiative zahlreicher staatlicher Wetterdienste und Universitäten zur Schaffung eines interaktiven Lernsystems, das über Internet zugänglich ist. Im Oktober 1998 waren bereits Lektionen in Satellitenmeteorologie und numerischer Wettervorhersage abrufbar.

www.mc-wetter.de – MC-Wetter GmbH
Zahlreiche meteorologische Firmen bieten bei ihrem Internetauftritt nicht nur Informationen zu ihren Produkten, sondern liefern auch Wettervorhersagen gratis mit.

Geld verdienen im Netz
Seit das Internet der breiten Öffentlichkeit zugänglich ist, wird es auch für die Wirtschaft von immer größerem Interesse. Einige Prognosen sehen im sogenannten E-Commerce (Elektronischer Handel) im Internet einen viele Milliarden schweren Markt. Der Markt für meteorologische Informationen im Netz nimmt davon mit Sicherheit nur einen Bruchteil ein, doch haben die Mitspieler die größten Chancen, die sich schon am längsten auf dem Feld bewegen.

Derzeit kann man etwa fünf große Gruppen erkennen, in die man die Möglichkeiten des Geldverdienens einteilen kann:

A. Werbung
Große WWW-Server registrieren derzeit bereits einige Millionen Besucherkontakte pro Monat und stellen damit für die werbetreibende Wirtschaft ein großes Potential dar. Als Anbieter meteorologischer Informationen ist man bei dieser Strategie allerdings genötigt, sehr viele Informationen frei verfügbar zu machen. Besucher kann man nur werben, wenn man eine besonders interessante visuelle Aufmachung liefert oder immer ein paar spezielle Infos mehr im Programm hat als der Konkurrent im virtuellen Infoshop um die virtuelle Ecke. Ein Beispiel für Werbung auf Wetterseiten im Internet gibt der Weather Channel: www.weather.com

B. Vertriebsweg
Betreut man als Wetterdienstleister professionelle Kunden wie Industriebetriebe oder Medien, so reicht heutzutage die Lieferung per Fax kaum noch aus. Die meisten Firmen möchten das gelieferte Datenmaterial digital weiterverarbeiten, und so bietet sich das Internet als Vertriebsweg geradezu an. Es minimiert die Kosten sowohl für den Informationsanbieter, da kaum Telekommunikationskosten entstehen, als auch für den Kunden, da häufig schon Schnittstellen zu anderen Informationszulieferern bestehen.

C. Onlinedienste
Selbstverständlich können meteorologische Informationen auf Internetseiten nicht nur dazu dienen, Werbeeinnahmen auf eigenen Seiten zu erzielen, sondern aufgrund der ständigen Aktualität bieten sie auch anderen Onlinediensten eine Möglichkeit, ihre Attraktivität zu erhöhen. Gerade Stadtinformationssysteme wie BerlinOnline (www.berlinonline.de) können so den Nutzern ihren regionalen Bezug vermitteln. Die Abbildung der Einstiegsseite in den Wetterbereich bei BerlinOnline soll als Beispiel dienen (s. Abb. auf der nächsten Seite).

Abb. 2: Eine Wettervorhersage im Internet von der Fa. MC-Wetter als Beispiel für einen Onlinedienst

D. Abonnement

Für qualitative meteorologische Daten bietet sich eine Abonnementlösung an. Dieses System soll am Beispiel des UK Met. Office erläutert werden, wo diese Technik unter www.meto.govt.uk/MWIntro/MWIntro.html schon seit langem eingesetzt wird. Der Kunde erwirbt dabei telefonisch einen Vorrat an 20 „Tickets" im Gegenwert von 50 Pence (ca. DM 1,50) pro Stück. Die Abrechnung des Betrages erfolgt per Kreditkarte. Jedesmal, wenn man Informationen vom UK Met. Office abrufen möchte, wird zunächst ein Ticket vom virtuellen Konto des Nutzers abgezogen. Weiterhin kosten besonders hochwertige Produkte wie zum Beispiel Radarbilder weitere Tickets. Ist der Vorrat an 20 Tickets aufgebraucht, muß der Nutzer diesen erneut telefonisch aufladen.

E. Micro-Payment

Diese Variante funktioniert ähnlich wie das flexible Abonnement des Met. Office, nur werden hierbei die Beträge online bezahlt. Derzeit befinden sich die entsprechenden Abrechnungssysteme für das elektronische Handeln noch im Aufbau, da sehr große Sorgfalt bei den Sicherheitsmechanismen angelegt werden muß. Traditionelle Abrechnungssysteme wie Kreditkarten sind gerade im unteren Preissegment (daher: *Micro-Payment*) ungeeignet, da zu hohe Nebenkosten anfallen. Systeme der großen Banken sowie die Geldkarte befinden sich gerade erst in der Einführungsphase. Für Anbieter meteorologischer Informationen ist der Einstieg in diese Variante bisher noch nicht lukrativ, da diese Art der Bezahlung bisher von zu wenigen Kunden akzeptiert wird. In den nächsten Jahren dürfte sich dies allerdings auch erheblich ändern.

Zusammenfassend bleibt also festzuhalten, daß das Internet nicht irgendein Kommunikationsmedium ist, sondern auch Einfluß auf die Meteorologie hat. Wissenschaftliche Projekte lassen sich international besser koordinieren, Daten unter den Wetterdiensten kostengünstiger austauschen, und zur Zeit sind mehr meteorologische Informationen über das Internet frei verfügbar. Zu Beginn des kommenden Jahrhunderts wird das Internet mit Sicherheit immer mehr Menschen anziehen, gerade auch, weil die Zugangsmechanismen noch vereinfacht werden dürften. Damit ergibt sich auch für die kommerziellen Anbieter meteorologischer Informationen ein lukrativer Markt, sei es nun werbefinanziert oder über Einzelabrechnung per Micro-Payment.

Dipl.-Met. Dennis Schulze hat in Berlin (FU) bis 1997 Meteorologie studiert und ist seit 1998 Niederlassungsleiter der privaten Berliner Firma MC-Wetter.
E-mail: D.Schulze@MC-Wetter.de

4. Private Anbieter und Nutzer

In Deutschland gibt es erst seit knapp zehn Jahren private Wetterinformationsanbieter, von denen sich einige in den vergangenen fünf Jahren zu ernsthaften Konkurrenten des staatlichen Wetterdienstes entwickelt haben. In den europäischen Ländern verläuft diese Umschichtung zu stärkerem privaten Engagement bzw. zu einer Ausgliederung kommerzieller Teile der Wetterdienste sehr unterschiedlich.

In Holland, wo Harry Otten vor gut zehn Jahren seine Firma MeteoConsult gründete, gliedert derzeit (Herbst 1998) der Königlich Holländische Wetterdienst (KNMI) seine kommerziell arbeitende Vorhersage- und Gutachten-Abteilung als eigenständige Firma aus, die nun auch – ebenso wie Harry Ottens Firma – für die Grunddaten an KNMI die gleichen Preise zahlen muß und nun als neuer Konkurrent auftritt. Der Wetterdienst selbst hat „nur" noch die hoheitlichen Aufgaben, wie z. B. Polizei und Feuerwehr zu beraten und den Flugverkehr mit Informationen zu versorgen; dies sind risiko- und sicherheits-bezogene Bereiche, die staatlich bleiben sollen. Ähnlich verläuft die Entwicklung derzeit auch in Schweden, während z. B. in Deutschland und Frankreich die staatlichen Wetterdienste – trotz zum Teil neuer Gesetze – sich augenblicklich nur wenig verändern.

Von der Nutzer-Seite sind viele Bereiche betroffen. Stellvertretend berichtet Detlef Carius von der Deutschen Lufthansa über den eindrucksvollen kommerziellen Nutzen guter Wetterinformation sowie über die zusätzliche Sicherheit, die meteorologische Daten begründen und nicht in Mark und Pfennig umrechenbar sind.

4.1 Von der Arbeit privater Wetterinformations-Anbieter
Harry Otten

Sieben Jahre ist es nun schon her, daß ich zuletzt auf dieser Tagung über unsere Aktivitäten und Entwicklungen auf dem europäischen Markt gesprochen habe.

In diesem Jahr bin ich gekommen, um einen mehr oder weniger persönlichen Rückblick über diese zurückliegenden sieben Jahre zu geben, in dem ich auch besonders auf emotionale Entwicklungen eingehe: Welchen Weg sind wir meteorologisch gegangen? Wie sieht der internationale Markt aus? Wie wird er sich in den kommenden Jahren entwickeln, und welche Rolle wird Meteo Consult spielen?

Während der ersten fünf Jahre des Bestehens von Meteo Consult mußte um einen Zugang zu Wetterinformationen gekämpft werden. Aktuelle Daten und Modelle gehören zur Grundausstattung eines jeden Wetterdienstes. Während der amerikanische nationale Wetterdienst alle Daten kostenfrei zur Verfügung stellte und noch immer stellt, versuchten die europäischen Wetterdienste, ihre Daten geheim zu halten, um lästige Konkurrenz zu vermeiden.

Wetterdienste gründeten ECOMET
Monopolisten – so können die nationalen Wetterdienste durchaus genannt werden – schienen bezüglich der Handhabung ihres Monopols enorm intelligent zu sein. Was macht man nämlich, wenn einem das Monopol unter den eigenen Füßen zerbricht und man es doch erhalten will? Genau richtig! Man stellt eine Organisation auf die Beine, die verspricht, alle benötigten Informationen gegen sogenannte „geringe Kosten" zur Verfügung zu stellen. Dann bittet man die EU um die Zustimmung zu solch einem Kartell – anders kann man das nicht nennen.

Abb. 1: Vorhersagen für die Schiffahrt, aber auch für Ölbohr-Inseln, wie auf diesem Foto, können hohe Kosten sparen bzw. Schäden verhindern

Wie gesagt, so getan! ECOMET (European Co-operation in Meteorology) wurde geboren. Für die Lobby bei der EU wurden die teuersten zur Verfügung stehenden Anwälte eingekauft, denn für einen durch den Steuerzahler bezahlten Monopolisten spielt Geld offensichtlich keine Rolle, und die EU schwieg dazu. So wurde ECOMET bewilligt, und die Kosten für den Datenzugang, insbesondere die aktuellen Meßwerte, wurden auf ein derart hohes Niveau gesetzt, daß es sich zu diesem Zeitpunkt kein einziger privater Wetterdienst leisten konnte, selbst die 3-stündlichen Messungen von allen ECOMET-Ländern zu kaufen.

Die nationalen Wetterdienste sind eigentlich ebenfalls verpflichtet, die Daten, die sie selbst in ihren kommerziellen Abteilungen benötigen, gegen ECOMET-Preise abzurechnen. Ich habe aber mit eigenen Augen gesehen, daß das nur faules Gerede ist. Die Preise in vielen Ländern sind derart hoch, daß es billiger ist, selbst Meßstationen aufzubauen. Die privaten Wetterdienste plädieren schon sehr lange für feste und auch bezahlbare Preise, aber die EU hat schon deutlich gemacht, hierfür keine Zustimmung zu geben.

Die gleiche Entwicklung wie bei den aktuellen Messungen konnte man auch bei EUMETSAT sehen. Vor sieben Jahren war dies noch eine effektive Organisation. Mit den Jahren ist sie viel größer geworden, jedoch ohne deutlich mehr Output. Auch hier hat die Angst vor der Konkurrenz dazu geführt, daß die nationalen Wetterdienste die Daten zurückgehalten haben. Um Zugang zu digitalen Meteosatbildern zu bekommen, müssen sehr hohe Beträge bezahlt werden.

Abb. 2: Straßenwetter-Vorhersagen sind lebenswichtig

Allein die Kosten für alle Versammlungen, das Entwickeln von Schlüsseln etc. sind so hoch, daß diese selbst im kommenden Jahrhundert nicht zurückbezahlt sein werden. Das sind eindeutig falsche Entwicklungen auf einem Markt, der sich viel schneller entwickeln könnte, wenn es ein gesundes Konkurrenzverhalten gäbe. Ich bin der Überzeugung, daß man in Deutschland ab jetzt diesbezüglich noch etwas erleben wird, denn der größte und starrste Moloch von ganz Europa, nämlich die Deutsche Telekom, hat Konkurrenz bekommen!

Vorbild Holland: Privatisierung von Wetterdienst-Teilen
Auch in der Meteorologie gehört Holland durchaus zu den Vorbildländern. Vor ein paar Monaten hat der Minister bei uns beschlossen, daß die kommerziellen Bereiche des KNMI (Königlich Meteorologisches Institut der Niederlande) ab dem 1. Januar 1999 von den öffentlichen Bereichen abgespalten werden, und daß die öffentlichen Bereiche von diesem Zeitpunkt an keine kommerziellen Aktivitäten mehr verrichten. Mit Abspalten ist hier ein eigenes Gebäude mit ausreichendem physikalischem Abstand zum KNMI gemeint. Außerdem müssen sie dann für Daten genau die gleichen Preise zahlen wie Meteo Consult. Vom Ministerium habe ich auch gehört, daß sich der Deutsche Wetterdienst ebenfalls in diese Richtung orientieren wird. Das neue deutsche Wetterdienst-Gesetz zeigt so viele Verstrickungen der kommerziellen und öffentlichen Zweige, daß von ehrlichem Konkurrenzverhalten nicht gesprochen werden kann. Hoffentlich bringt ein gutes Vorbild Nachfolger!

Eigentlich denke ich darüber noch sehr pessimistisch und sehe, daß immer mehr Wetterdienste ihre eigenen Netzwerke aufbauen. Um von dort zu einem kleinen Supercomputer zu kommen und eigene Mesoscale-Modelle rechnen zu lassen, ist nur ein kleiner Schritt. Ich denke, daß es im Jahre 2005 soweit ist, und daß dann erst der gesamte Meteorologiemarkt offen ist.

In der Zwischenzeit müssen die privaten Wetterdienste ihre Energie nicht an das Konkurrenzverhalten verspielen, sondern auf eigenen Beinen stark sein.

Unsere Firma Meteo Consult
Meteo Consult ist in den letzten sieben Jahren schnell gewachsen. Im Hauptbüro in Wageningen/Niederlande arbeiten jetzt mehr als 50 Menschen. Außerdem sind wir auch im Ausland aktiv geworden: So haben wir in Berlin die Firma MC-Wetter gegründet. In London befindet sich das PA Weather Centre, wobei PA für Press Association steht. Auch in Belgien gibt es bereits eine Tochtergesellschaft, Meteo Services. In der Zukunft möchte ich noch weitere Wetterdienste in anderen Ländern errichten, auch in Osteuropa. Insgesamt sind bei den Meteo Consult Wetterdiensten ungefähr 100 Menschen tätig.

Die zunehmende Konkurrenz und in vielen Fällen Preisdumping des nationalen Wetterdienstes haben dazu geführt, daß der meteorologische Markt wettbewerbsfähiger geworden ist. Auch das Internet macht den Markt nicht durchsichtiger. So sind zum Beispiel viele Informationen im Internet kostenlos erhältlich, wie zum Beispiel Vorhersagen, deren Qualität oftmals sehr schlecht ist. Schauen Sie sich einmal eine Fünf-Tages-Vorhersage für Europa vom amerikanischen Wetterdienst an. Wenn unsere Vorhersagen per Seepost verschickt und erst danach veröffentlicht würden, wären sie noch genauer als die, die von Amerika zu uns kommen! Im Internet Geld zu verdienen, wird in der Zukunft noch eine große Herausforderung sein.

Neue Märkte
Meteo Consult war in den letzten Jahren natürlich sehr aktiv. Wir haben neue Märkte entwickelt, dabei sind wir aber selbstverständlich auch weiterhin auf den gleichen Gebieten wie schon 1991 aktiv, wie zum Beispiel in den Medien und auf dem Energiemarkt.

Einige von unseren neueren Märkten sind der Fax- und Telefondienst. Sehr beliebt sind unsere Informationen für mehrere hundert Urlaubs- und Skiorte. In Holland haben wir dafür ein neues System eingeführt: Spel&Bel. Wir machen von den europäischen Standard-Telefon-Systemen Gebrauch, wobei z. B. den einzelnen Zahlen bestimmte Buchstaben zugeordnet sind. So kann der Benutzer selbst den Wunschort buchstabieren. In Deutschland ist vor einigen Monaten zusammen mit RTL-Multimedia die Spracherkennung eingeführt worden. Hierfür sind zwar sehr leistungsfähige Computer erforderlich, doch ich denke, daß dies das System der Zukunft ist. Sehr populär ist auch unser „hot fax"-Dienst. Das Abrechnen der Faxe geschieht über spezielle Nummern, in Deutschland zum Beispiel über die 0190-Nummern.

Weiterhin ist Meteo Consult ein echtes Expertenbüro in Sachen Wetter & Verkehr geworden. Wir haben neue Methoden entwickelt, um Oberflächentemperaturen von Straßen sehr genau vorherzusagen. Dadurch sind wir in den Niederlanden Marktführer auf diesem Gebiet geworden. Außerdem sind unsere Methoden universell anpaßbar, also auch in Deutschland. Wenn unsere Verifikationen mit denen anderer Länder verglichen werden, muß man zugeben, daß wir hier wirklich vorangehen. Leider ist es in Deutschland so, daß der DWD Glättevorhersagen als sein alleiniges Arbeitsfeld betrachtet – und das kostenlos! Der Mangel an Konkurrenz führt zu geringerer Qualität als eigentlich möglich ist. Auch hier plädiere ich dafür, daß Glättevorhersagen von kommerziellen Diensten übernommen werden.

Ein weiteres Arbeitsfeld in der Meteorologie ist der maritime Bereich. Die Niederlande sind schon immer eine maritime Nation gewesen, und das werden wir natürlich auch in Zukunft bleiben.

In Zusammenarbeit mit Shell Research hat Meteo Consult ein System entwickelt, um Schiffe zuverlässiger über die Ozeane zu leiten. Das System nennt sich SPOS: Ship Performance Optimization System. Es wird auf dem Schiff plaziert und rechnet mit wissenschaftlichen Methoden die schnellste über den Ozean führende Route aus.

Das ist natürlich nicht immer die kürzeste Strecke, denn hohe Wellen wirken sich verlangsamend aus. Dabei bezieht SPOS auch alle Charakteristiken des Schiffes mit ein. Außerdem kann eine Route errechnet werden, wobei so wenig wie möglich Schaden entstehen kann, oder eine Route, auf der das Schiff zu einem genauen Zeitpunkt in einem bestimmten Hafen einläuft, oder eine Route, bei der so wenig Brennstoff wie möglich verbraucht wird. Es war lange sehr schwierig, solche Systeme zu verkaufen, aber gerade in der letzten Zeit werden sie immer beliebter und oft gekauft.

Weiterentwicklung von Meteo Consult
In den kommenden Jahren werden sich Meteo Consult und die ausländischen Tochtergesellschaften stark auf den TV- und Internetmarkt konzentrieren. Auf dem Gebiet des Fernsehens verfügen wir nun über ein TeleVIS System, das in unserer neuen Firma Meteo Graphics weiterentwickelt wird. Im Internet wird man schon bald mittels Micro payments viele Benutzer in der ganzen Welt für seine Produkte finden können. Außerdem bleiben wir auch auf den traditionellen Märkten aktiv.

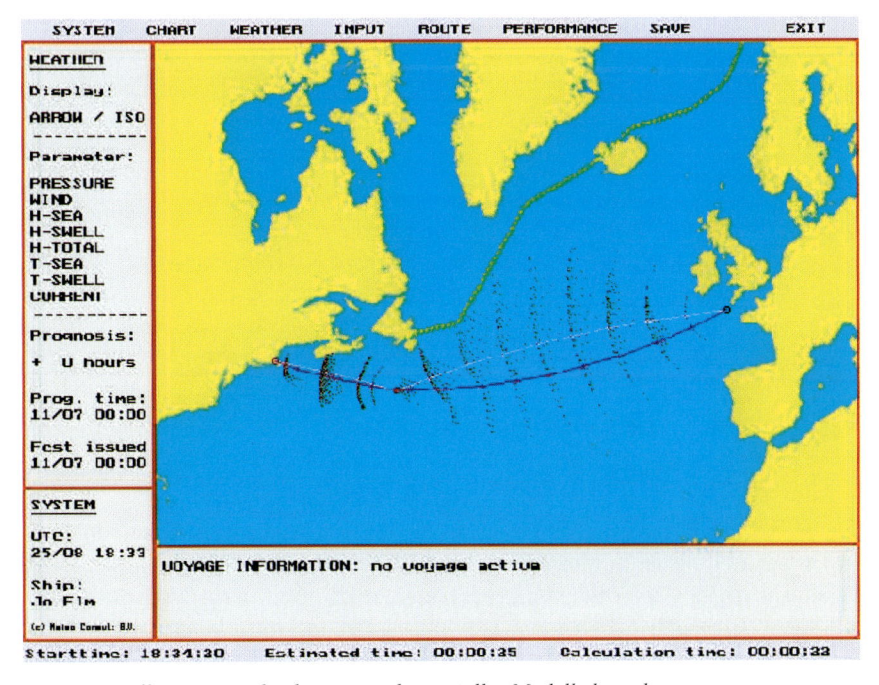

Abb. 3: Schiffsrouten werden heute mittels spezieller Modelle berechnet

Ich bin davon überzeugt, daß der meteorologische Markt noch sehr ausbaufähig ist. Dabei wird es von der heutigen Obrigkeit abhängen, ob der Markt nun durch ein paar große Firmen dominiert wird, wozu ECOMET führen würde, oder ob die EU verschärft eingreifen wird und das amerikanische System einführt. Dann würden weitere Wetterdienst-Firmen entstehen, und diese Konkurrenz würde zu sehr guten Produkten mit akzeptablen Preisen führen. Die Zeit wird es zeigen, und ich hoffe, in sieben Jahren erneut darüber berichten zu können.

Ing. H. A. F. M. Otten studierte Physik an der Technischen Universität in Eindhoven und arbeitete 11 Jahre als Meteorologe am KNMI in De Bilt. 1980 verbrachte er ein Ferienjahr an der Universität von Pennsylvania in den USA. Er ist Geschäftsführer von Meteo Consult b.v./Niederlande mit inzwischen mehreren ausländischen Tochtergesellschaften.
E-mail: H.Otten@Meteocon.nl

4.2 Der ökonomische Nutzen meteorologischer Information bei der Deutschen Lufthansa AG

Detlef Carius

Einleitung

Die Deutsche Lufthansa AG zahlt für die Nutzung meteorologischer Information jährlich einen zweistelligen Millionenbetrag. Welche meteorologischen Informationen werden dafür eigentlich geliefert? Wie werden diese Daten aufbereitet und verarbeitet? Welchen Nutzen hat der Kunde „Lufthansa" von diesen Daten? Profitiert der Kunde „Passagier" von dem meteorologischen Service?

Beispiele

a) Landeanflug auf den Bremer Flughafen an einem kalten Februarmorgen: Dort liegt bei leichtem Frost Schnee. Der Wind weht feuchte Nebelluft von der Nordsee ins Binnenland, das deshalb von einer dichten Nebeldecke überzogen ist. Als Passagier schaut man aus dem Fenster und hofft, möglichst bald den Untergrund erkennen zu können. Auf einmal werden die Triebwerke wieder laut, das Flugzeug beschleunigt, hebt die Nase nach oben und startet durch. Der dichte Nebel am Bremer Flughafen, so erklärt uns der Pilot später, hat eine Landung verhindert, und man werde es nach einer Warteschleife erneut versuchen. Auch der zweite Versuch erfolgt vergeblich, und aus dem Cockpit wird nun erklärt, da weiteres Warten sinnlos sei, würde man nach Hannover ausweichen und dort landen.

Abb. 1: Boeing-Jumbo im Flug über den Wolken (Foto: DLH)

b) Flug Frankfurt – Singapur: Über Thailands Westküste fliegt ein Jumbo der Lufthansa. Mit weiten Schwüngen weicht er den riesigen Gewitterwolken, die sich vor ihm auftürmen, in langgezogenen Links- und Rechtskurven aus. Den Passagieren bietet sich ein beeindruckendes Panorama zwischen der deutlich sichtbaren Küste Thailands und den riesigen Quellwolken.

In beiden Fällen muß das Flugzeug Wettererscheinungen ausweichen, damit der Flug sicher durchgeführt werden kann. Im 1. Fall wurde der Flug zu einem Ausweichflughafen umgeleitet, im 2. Fall waren lediglich einige leichte „Schlenker" notwendig.

Für jeden Flug sind Informationen über das Wetter zum Startzeitpunkt, auf der Strecke und am Zielflughafen unerläßlich, um jederzeit einen sicheren Flug zu gewährleisten.

Kosten und Nutzen:
Die im folgenden aufgeführten Zahlen belegen eindrucksvoll die wetterbedingten Verspätungs- und Schadenskosten. Gründe für Verspätungen sind z. B. Nebel, Schnee, Vereisung auf dem Start- bzw. Landeflughafen sowie auf der Flugstrecke (starker Gegenwind, Turbulenz, Gewitter etc.).

Beispiel USA 1994: 5 Millionen Dollar durch Verspätungen im kommerziellen Bereich, davon 65% durch Wetterereignisse hervorgerufen = 3 Millionen Dollar.

Beispiel USA 1990: 27% aller Unfälle der allgemeinen Luftfahrt und 33% der kommerziellen werden durch gefährliche Wetterereignisse verursacht. 41% aller Verspätungen waren wetterbedingt (17% vermeidbar, 24% unvermeidbar).

Allein die vermeidbaren Schäden lagen bei 1,7 Milliarden Dollar!

Welche Daten liefert der Wetterservice?
Die vom Deutschen Wetterdienst (DWD) an die Lufthansa gelieferten Daten sind exakt im Annex 3 zur Konvention der International Civil Aviation Organisation (ICAO) beschrieben. Hier einige Beispiele:

1. Die Landewettervorhersage (TAF = Terminal Area Forecast)
In dieser Vorhersage sind u. a. Wind, Wetter, Art und Höhe der Bewölkung sowie die Änderung dieser Parameter innerhalb des Vorhersagezeitraumes enthalten.

2. Startwettervorhersage (METAR = Meteorological Aerodrome Report)
Aktuelle Wettermeldungen über Sichtweite, Wind, Wetter und Wolken, Temperatur und Taupunkt sowie den Luftdruck am Boden sind in dieser Meldung enthalten.

3. Vorhersage signifikanter (= wesentlicher) meteorologischer Erscheinungen (SIGMET). Hier werden u. a. Gewitter, Turbulenzen, Vereisung, tropische Wirbelstürme, Sandsturm, vulkanische Aschewolken gemeldet.

4. Höhenwetterkarten

Diese Prognosekarten enthalten in verschiedenen Flugflächen (englisch Flight Level, FL, z. B. FL 180 18000 ft Höhe der 500 hPa-Fläche) an den jeweiligen Gitterpunkten die Temperatur sowie Windrichtung und -geschwindigkeit. Temperaturwerte unter 0°C werden ohne Vorzeichen dargestellt. Die Karten werden für 8 Flugflächen zwischen FL 050 und FL 450 herausgegeben.

5. Significant Weather Chart (Abb. 2)

Auf dieser Prognosekarte werden u. a. die Lage des Jetstreams mit zugehöriger maximaler Windgeschwindigkeit, Fronten sowie deren Bewegungsrichtung und Geschwindigkeit, die Höhe der Tropopause sowie Lage und Intensität von Vereisungs- und Turbulenzgebieten dargestellt.

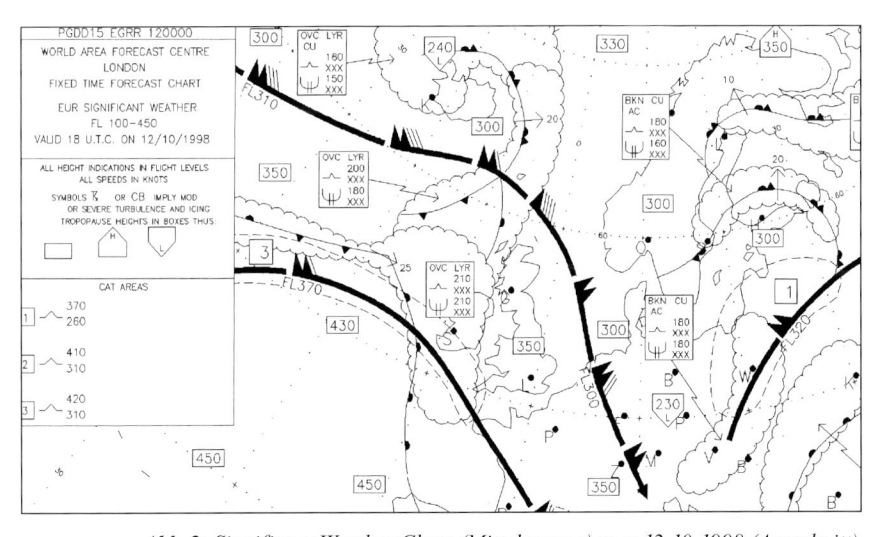

Abb. 2: Significant Weather Chart (Mitteleuropa) vom 12.10.1998 (Ausschnitt)

Weiterhin wird über bestehende Wetterwarnungen für Flughäfen sowie Warnungen vor Windscherungen in der Atmosphäre während eines Fluges informiert. Satellitenbilder aus dem sichtbaren und infraroten Spektrum runden die meteorologischen Informationen ab.

Sämtliche Wettermeldungen liegen in EDV-Form bzw. als Papierausdruck vor. Die in verschiedenen Flugflächen vorhergesagten Winde werden zur Optimierung des berechneten Flugweges herangezogen und für den Flugplan verwendet. Die Ausdrucke der Karten und Meldungen sowie der Vorhersagen werden den Crews beim Briefing (= Wetterinformation durch Meteorologen bzw. Wetterberater) vor dem Flug ausgehändigt.

Der Nutzen für den Passagier und die Luftfahrtgesellschaft liegt in der sicheren, pünktlichen und wirtschaftlichen Durchführung des Fluges. Der kurzfristige Austausch von Wetterinformationen der Crews untereinander sowie mit der Luftaufsicht (diese sorgt für Weiterverbreitung) kann zusätzlich nicht vorhergesagte, aber erflogene Turbulenzen vermeiden helfen.

Kosten
In Deutschland liegen die Preise für die Wetterinformationen bei ca. 10 bis 11% der Überflugkosten, dies sind ca. 8 ECU pro 100 geflogene Kilometer, d.h. die Deutsche Lufthansa AG zahlt an den Deutschen Wetterdienst ca. 15 Mio. DM für wetterdienstliche Leistungen. Diese Kosten sind folgerichtig dann in den Flugsicherungsgebühren enthalten.

Nutzen
Die Kosten für eine Flugstunde betragen ca. 17.000 DM. Der genaue Wert hängt natürlich von der Größe des Flugzeugs ab. Die Einsparungen durch Flugplanoptimierung lassen sich nicht genau erfassen, jedoch erreicht dieser Wert leicht einige Millionen DM. Nicht eingerechnet ist hier der nur schwer zu beziffernde Gewinn an Flugsicherheit, der entscheidend dafür ist, daß überhaupt so viele Wetterinformationen verarbeitet werden.

Die weiteren Aussichten
Zur Zeit werden bei Lufthansa die Wind- und Temperatur-Karten jeweils für den einzelnen Flug optimiert, so daß die Piloten nur noch eine Karte für ihre Flugstrecke in die Hand bekommen (Abb. 2). Weiterhin wird daran gearbeitet, den Piloten die Wetterdaten über Datalink direkt ins Cockpit zu bringen. Die ersten Versuche dazu laufen bereits. Im Jahre 1999 wird dieser Datalink voraussichtlich für den täglichen Dienst eingesetzt.

Der Passagier bemerkt Wetter erst dann, wenn es Abweichungen von der planmäßigen Flugstrecke auslöst oder wenn der Flug z.B. durch Turbulenz (diese kann auch unvorhersehbar (stark) sein) unangenehm wird. Die vom Deutschen Wetterdienst gelieferten aktuellen und Prognosedaten helfen, den Flugverkehr sicher, pünktlich und wirtschaftlich durchzuführen. Davon profitieren die Luftverkehrsgesellschaften ebenso, wie die von ihnen beförderten Passagiere.

Dipl.-Met. Detlef Carius ist Leiter der Abteilung Theoretische Ausbildung der Lufthansa Flight Training GmbH in Bremen. Er hat in Bonn Meteorologie studiert, war anschließend in Berlin (FU) tätig und wirkt seit 1987 in der Lufthansa-Schule.
E-mail: DETLEF.CARIUS@LFT.DLH.DE

5. Wie sollte optimale Wetterinformation aussehen?

Bereits im Jahre 1816 schrieb der Dichter Jean Paul (er lebte von 1763 bis 1825) in Bayreuth unter dem Titel „Der allzeit fertige oder geschwinde Wetterprophet":
„Wie es einen geschwinden Lateiner gibt, so wünsch'ich der Welt einen geschwinden Propheten durch die folgenden 16 goldnen Wetterregeln zu geben. Darauf werd'ich mich über das Lügen, das Leiden und das erlaubte und fromme Betrügen eines guten Wetterpropheten ausführlich auslassen."

Und hier die 16. Wetterregel: *„Will heiteres Wetter lange dauern: so ziehen sich nach dem warmen Morgen immer Mittags einige Wolken vor die Sonne und verschwinden noch vor Abend; aber jeden Tag erscheinen kleinere."*

(Zitiert nach: „Jean Paul's sämmtliche Werke", Ein und dreißigster Band, Berlin 1842, S. 260 – 280, auf Grund eines Hinweises von Horst Kutzer, Schleswig.)

Immerhin ist zumindest diese 16. (im Vergleich zu den anderen kurze) Regel für einen geübten Wetterbeobachter gut nachvollziehbar. Die Sprache war damals deutlich anders, als wir es gewöhnt sind, und so etwas wie eine begründete Wettervorhersage gab es nicht. Daher stand folgerichtig jeder Naturbeobachter, der aus seinen Erkenntnissen Prognosen ableitete und gar noch bekannt gab, im Verdacht, ein „falscher Prophet" zu sein. Dies färbt auch heute noch oft die Ansichten über die Ergebnisse meteorologischer Forschung und Vorhersagen.

Daher sind auch die folgenden Beiträge für das Verständnis und die Umsetzung meteorologischer Ergebnisse für die Öffentlichkeit so wichtig: Sie geben Auskunft darüber, wie Informationen erstellt und dargestellt (Winfried Göpfert), präsentiert (Helmut Götschmann) und angemessen formuliert sein sollten (Manfred Geb).

Abschließend zeigt Konrad Balzer, wie gut heute Wetterprognosen sind und sein können. Meteorologen sind keine Propheten (sie sind es nie gewesen, und 1816 zur Zeit Jean Pauls gab es auch noch keine Meteorologen!), sie sind mit nachvollziehbaren Methoden arbeitende Wissenschaftler. Wie der Beitrag von Walter Fett zeigt, gibt es dennoch eine Menge von Zweiflern, aber letztendlich richten sich heuzutage dennoch fast alle Menschen in vielen Bereichen ihres Lebens nach diesen Wetterinformationen!

5.1 Der Wetterbericht ist eine journalistische Aufgabe, keine meteorologische!

Winfried Göpfert

Wetterberichte und Vorhersagen, Wetterpräsentationen ganz allgemein haben sich in den letzten Jahren erheblich verbessert. Nicht nur in meteorologischer Hinsicht, auch in ihrer Gestaltung. Doch noch immer merkt man vielen Darstellungen an, daß die Autoren mehr der meteorologischen Wissenschaft verhaftet sind, als dem Journalismus. Was sie tun, ist aber reiner Journalismus. Und wie jeder gute Journalist sollten sich auch Wetterberichte nach den Bedürfnissen der Leser, Hörer oder Zuschauer richten, nicht nach den Kenntnissen und Vorlieben der Meteorologen. So gibt es an vielen Wetterpräsentationen noch immer etwas zu verbessern.

These 1: Die Rezipienten beherrschen im allgemeinen keine Fachterminologie. Wetterinformation muß folglich auf Fachterminologie verzichten.
Doch dieser Grundsatz gilt nicht nur für Begriffe, sondern auch für Symbole. Heute noch immer gebrauchte Symbole stammen aus der Frühzeit der Drucktechnik. Moderne Methoden würden symbolträchtigere Veranschaulichungen zulassen.

Abb. 1: Den kalten Wind während des Schneetreibens fühlt man regelrecht beim Anschauen dieses Bildes (Foto: S. Kämpfe, Oßmannstedt, Thüringen, 13.2.1994)

These 2: Die Rezipienten kennen keine grafischen Fachsymbole. Wetterinformation muß folglich auf Fachsymbole verzichten.
Wenn wir feststellen, daß die meisten Menschen die Darstellung von Isobaren oder die Symbole für Kaltfront oder Warmfront nicht verstehen, ja nicht einmal als Informationsträger wahrnehmen, dann gibt es daraus nur eine Konsequenz: Auf diese Symbole muß verzichtet werden.

These 3: Schlüsselbegriffe sind: Anschaulichkeit und Verständlichkeit.
Wetterinformation, die sich an „jeden" richtet, muß heute schnell rezipierbar sein, sie muß in ihrer Aussage eindeutig und klar verständlich sein, in einem Wort: Sie muß anschaulich sein.

Anschauliche Symbole sind: Sonne, Wolken, Regentropfen, Schneekristalle und die Farbabstufungen von blau nach rot für kalt bis warm.

Weniger anschaulich und weniger verständlich sind: Isobaren, Wetterfronten mit halbkreisförmigen bzw. dreieckigen Symbolen für Warm- bzw. Kaltfronten und die traditionellen Bewölkungssymbole oder Windfähnchen.

Gar nicht anschaulich – aber verständlich sind: Die Buchstaben „H" und „T" für Hoch und Tief.

Aus verständlichen und anschaulichen Symbolen sollte die zeitgemäße Wetterinformation zusammengesetzt sein.

These 4: Das Wettersymbol per se sind Wolken. Eine anschauliche Wetterinformation setzt Satellitenbilder von Wolkenbewegungen ein.
Aufbereitete Satellitenloops sind anschaulich, weil sie den Wolkenflug abbilden. Damit zeigen sie zweierlei: Wann sich wo wieviele und wie dichte Wolken einfinden und zum zweiten, wie schnell das Wettergeschehen sich voranbewegt, wie dynamisch also die Entwicklung ist, und wie stark der Wind zu erwarten sein wird. Konsequent ist die Fortführung dieser besonders anschaulichen Vermittlung des Wettergeschehens mit den gleichen Mitteln: Mit grafisch erzeugten, künstlichen Satellitenbildern für den nachfolgenden Vorhersagezeitraum.

Die meisten dieser Thesen beziehen sich auf grafische Wetterdarstellungen, insbesondere auf animierte Darstellungen. Sie folgen den Gesetzen der Wahrnehmungspsychologie und den darauf aufbauenden Grundsätzen für die Gestaltung in Film und Fernsehen.

Schauen wir uns ein paar Beispiele aus dem aktuellen Fernsehprogramm an und überprüfen, in wieweit diese Grundsätze bei der Gestaltung von Wetterpräsentationen berücksichtigt werden.

1. Beispiel: ARD-Morgenmagazin mit Jörg Kachelmann
Dauer: 1'35; Ablauf:
1. *Karte: Temperaturwerte „heute früh" mit 24 Ziffern über die Deutschlandkarte verteilt.*
2. *Karte: Wettersymbole „heute vormittag" (Symbole für Wolken, Regentropfen, Sonne etc.) 14 Symbole über Karte verteilt.*
3. *Karte nochmals wie 1.*
4. *Karte nochmals wie 2.*
5. *Karte Wettersymbole „heute nachmittag": 13 Symbole.*
6. *Karte Temperaturwerte „heute nachmittag": 23 Ziffern.*
7. *Karte Wind „heute mittag": 9 Windpfeile mit Ziffern für Windstärke.*
8. *Karte Wettersymbole + Temperaturwerte „morgen": 12 Symbole + 6 Ziffern.*

Abb. 2 und 3: „Stehende" Grafiken nutzen die Möglichkeiten des Fernsehens nicht aus. Bei der Interpretation der einzeln stehenden Symbole und Zahlen wird dem Zuschauer viel Eigenleistung abverlangt.

Es werden keinerlei Animationen eingesetzt, nur stehende Grafiken. Die Symbole sind eher abstrakt. Die Zahlenwerte für die Temperaturen muß der Zuschauer erst interpolieren, um die Temperatur für „seinen" Ort herauszufinden. Auch in einer stehenden Grafik könnten die Temperaturverläufe durch von rot nach blau verlaufende Temperaturzonen besser dargestellt werden. Der Zuschauer hätte so präzisere Hinweise auf die Temperaturentwicklung an seinem Ort. In einer Animation mit synchron gesprochenen Hinweisen auf Uhrzeit und Datum wäre der zeitliche Verlauf der Temperaturentwicklung dann optimal zu erkennen.

Gleiches gilt für die Wettersymbole Sonne, Wolken, Regen. Die Symbole stehen über bestimmten Regionen. Wo aber genau die Grenzen zu ziehen sind, kann sich der Zuschauer selbst ausdenken. Das ist mangelnder Service. Hier wären flächenhafte Verläufe aussagekräftiger, insbesondere in der Animation.

Animation findet hier lediglich durch die bekannt charmante Präsentation des Moderators statt, der selbst eine Panne im Ablauf der Karten noch zur Unterhaltung der Zuschauer nutzen möchte. Man merkt an dieser Präsentation aber auch schnell, wann die Grenzen überschritten sind.

2. Beispiel: Morgenmagazin SAT.1
Dauer: 0'30; Ablauf:
1. *Animierte Karte „heute". Die Symbole sind flächenhaft verteilt, in der Animation lassen sich Grenzen (in ihrer dynamischen Entwicklung) gut erkennen und verfolgen.*
2. *Temperaturwerte, „heute früh". Sie werden als Farbflächen und mit hinzutretenden 9 Ziffern charakterisiert.*
3. *In der Animation („heute") wird der Tagesverlauf sichtbar.*
4. *„Aussichten": 3 Minikarten nebeneinander für die 3 folgenden Tage „Donnerstag", „Freitag" und „Samstag". Zu sehen sind jeweils drei (verteilt stehende) Wettersymbole.*
5. *„Aussichten": auf den 3 Karten jeweils drei (verteilt stehende) Ziffern für die Temperatur (mit Flächenverlauf).*
6. *„Trend": 3 Minikarten nebeneinander für die 3 danach folgenden Tage „Sonntag", „Montag" und „Dienstag". Zu sehen sind jeweils ein Wettersymbol und eine Ziffer. Den Temperaturverlauf symbolisiert eine zusätzlich eingeblendete Temperaturlinie quer über das gesamte Bild.*

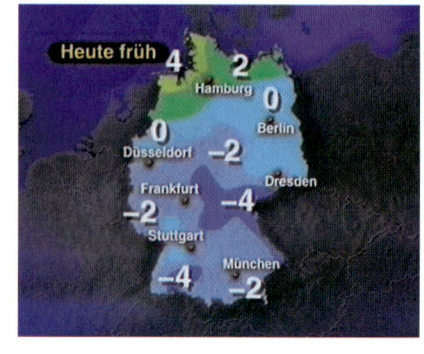

Abb. 4 und 5: Besonders gelungen: Die Animation in flächenhafter Darstellung mit aussagekräftigen Symbolen. Die zweite Karte zeigt flächenhaft den Verlauf der Temperatur.

Hier werden die Gestaltungsmittel meist vorbildhaft und optimal eingesetzt: Die Symbole sind flächenhaft verteilt und zum Zeitverlauf entsprechend animiert. Allerdings wird die hervorragende grafische Gestaltung durch den gesprochenen Kommentar völlig konterkariert. Man hat den Eindruck, daß sich Grafik und Text nicht aufeinander beziehen – Grundbedingung für guten Fernsehjournalismus.

So ist nicht feststellbar, ob die globale Wetterdarstellung zu Beginn den Tagesverlauf symbolisieren soll oder nur den Jetztzustand. Das hätte im Text deutlich gemacht werden müssen. Stattdessen erzählt der Text genau das, was man sieht.

Besser wird das dann beim Temperaturverlauf. Die Tendenz der nächsten Tage könnte eigentlich auch animiert werden, dann wäre das Ganze ideal. So gelungen auch die Gestaltungsmittel geplant wurden, sie können kaum zur Geltung gelangen, weil die Zeit für eine einigermaßen sinnvolle Verarbeitung viel zu kurz bemessen wurde.

3. Beispiel: Morgenmagazin RTL
Dauer: 1'20; Ablauf:
1. *Satellitenloop mit eingezeichneten Buchstaben „H" und „T": Kräftige Wolkenformationen der Tiefs wurden farblich hervorgehoben.*
2. *Wetterflug über Norddeutschland mit 3-D-animierten Regentropfen und späterer Aufhellung.*
3. *Karte Norddeutschland „Mittwoch": 10 animierte Wettersymbole, 7 Ziffern für die Temperaturwerte.*
4. *Karte Deutschland „Frühtemperatur": 9 Ziffern + Flächen für Temperaturverteilung.*
5. *Karte Deutschland „vormittags": 10 Wettersymbole.*
6. *Karte Deutschland „Temperatur": 9 Ziffern + Flächen für Temperaturverteilung.*

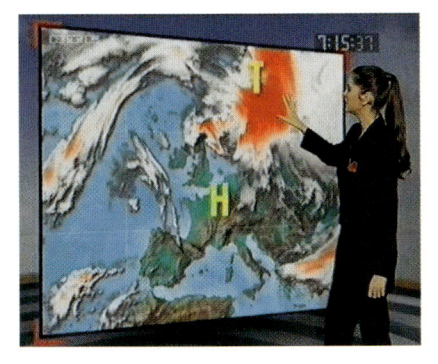

Abb. 6 und 7: Der (farbig gestaltete) Satellitenloop zeigt großräumig die Wetterentwicklung. Der Wetterflug ist eine neue Animation, deren Aussagewert allerdings begrenzt ist.

7. *Karte Europa „Europawetter": (animierte) Symbole + Ziffern + Flächen.*
8. *Parallel drei Fenster für „Donnerstag", „Freitag" und „Samstag": animierte Fotos von konkreten Wettersituationen mit je zwei Ziffern für Maximal- und Minimaltemperatur.*

Bei RTL wird ein Satellitenloop eingesetzt. Allerdings in einer Totaleinstellung über Gesamt-Europa. Hier wäre eine Deutschlanddarstellung angebracht.

Der Wetterflug ist eine recht spannende Animation, da aber immer nur bestimmte Gebiete angesprochen werden können, ist der Nutzwert natürlich begrenzt. Obwohl die nachfolgenden Karten animiert sind, werden Einzelsymbole eingesetzt. Man drückt sich also um die Aufgabe einer präziseren Flächendarstellung in zeitlicher Entwicklung herum. Kurios wird das dann, wenn im Text vom „Grauschleier" gesprochen wird, der aber grafisch keine Entsprechung gefunden hat. Ähnliches gilt für die Temperaturdarstellung. Unsinnig ist die Angabe der im Land herrschenden Höchst- und Tiefstwerte. Das interessiert nur den Statistiker, nicht den Zuschauer, der über das Wetter an seinem Ort informiert werden möchte.

Der Europaüberblick ist für Reisende recht interessant. Warum aber hier ein vorher im Satellitenbild nicht gezeigtes Tief „Xanthippe" namentlich genannt werden muß, bleibt unverständlich. Dies ist unsinniger Informationsmüll, den der Zuhörer sortieren muß.

In der Vorschau wird auf animierte Verlaufsprognosen auf Kartenbasis völlig verzichtet. Mit den animierten Wetterfotos produziert man allenthalben bebilderten Hörfunk.

4. Beispiel: ARD Morgenmagazin
Dauer: 1'40; Ablauf:
1. *zweimaliger Satellitenloop.*
2. *Karte „heute vormittag" mit 14 Wettersymbolen.*

Abb. 8 und 9: *Der Satellitenloop wird zweimal abgespielt und führt in das Wettergeschehen ein, der Rest sind jedoch wieder „stehende" Grafiken mit diversen Einzelsymbolen.*

3. Karte „heute nachmittag" mit 13 Symbolen.
4. Karte „heute nachmittag" mit 22 Ziffern ohne Flächen.
5. Tabelle „Do", „Fr", „Sa" und „So" für die Orte „Sylt, Hamburg, Rostock, Hannover, Berlin, Dresden, Köln, Trier".
6. Tabelle „Do", „Fr", „Sa" und „So" für die Orte „Frankfurt, Hof, Stuttgart, Nürnberg, Freiburg, München, Konstanz, Zugspitze".
7. Europakarte mit Flächendarstellung von Temperaturverläufen, etwa „6 à 10", „11 à 15" etc..
8. Frontensymbole und Zeichen „T" und „H" sowie diverse Wettersymbole.

Eine Stunde später präsentiert sich Kachelmann etwas konzentrierter. Nun setzt man auch einen Satellitenloop ein, der sogar zweimal gezeigt, aber nur einmal richtig dabei besprochen wird. Im wesentlichen bleibt man bei der Darstellung abstrakter Einzelsymbole. Im Europawetter wagt man sich dann aber schon mal an eine Flächendarstellung.

5. Beispiel: n-tv
Dauer: 1'00; Ablauf:
1. „Meteosat": Einmaliger Satellitenloop.
2. „Wetterlage": Frontenlinien mit „T Ginger". Die Fronten sind animiert und verändern sich im Tagesverlauf. Der im Text angesprochene „Schwall kalter Meeresluft" wird nicht sichtbar; im Gegenteil: Für denjenigen, der die Symbole der Fronten lesen kann, sind nur Warmfronten erkennbar.
3. „Wetter" – „nachmittags": 10 animierte Symbole.

Abb. 10 und 11: Hier wird vorausgesetzt, daß der Fernsehzuschauer die meteorologische Symbolsprache „gelernt" hat. Für die Schlußtabelle bleiben nur wenige Sekunden. Wer sie verstehen will, müßte sie erst auf Video aufnehmen und als Standbild betrachten. Wenig Informationsservice im Informations-Sender.

4. „Temperatur" – „nachmittags": 10 Ziffern mit Flächen.
5. „Wetter" – „nachts": (animierte) Symbole und Ziffern (je 10).
6. „Wetter" – „morgen": Je 10 Symbole und Ziffern.
7. Tabelle „3-Tage-Trend": „N" und „S" über „Di", „Mi" und „Do", dazu je ein Wettersymbol und je zwei Ziffern.

Auch diesen Wetterbericht kennzeichnet eine mangelnde Sorgfalt beim Zusammenspiel von Grafik und Text. Hervorstechende Gestaltungsmittel sind Einzelsymbole. Die Zeit, die Symbole zu interpretieren und dem eigenen Ort zuzuordnen, ist viel zu kurz. Zum Schluß mutet man dem Zuschauer eine Tabelle zu, die in der vorgegebenen Zeit nicht zu interpretieren ist.

6. Beispiel: ZDF
Dauer: 2'00; Ablauf:
1. *Karte „aktuell" mit 27 Ziffern auf (von rot nach blau) gefärbten Kreisen. Die darunterliegenden Wolken aus dem Satellitenbild sind als solche nicht zu erkennen.*
2. *Karte „aktuell": Nicht angesprochene Wolken aus dem Satellitenbild, Symbole für Schneekristalle treten hinzu.*
3. *Satellitenloop (einmal, friert am Ende ein) mit „T".*
4. *Folge-Animation mit „T".*
5. *Karte mit 15 Wettersymbolen und 5 Windfähnchen.*
6. *Karte „Max.": 15 Ziffern und unterlegte Flächen.*
7. *Zwei Karten nebeneinander „Dienstag" und „Mittwoch" mit jeweils 15 Symbolen und Windfähnchen, dazu Schneekristalle. Schrift „Nachtfrost" und Ziffern „0/7".*

Abb. 12 und 13: Die Temperaturkarte verzichtet auf eine flächenhafte Darstellung und bietet eine verwirrende Fülle statistischer Daten. Der Satellitenloop wird hier ergänzt durch eine Folgeanimation, die sehr anschaulich die weitere Wetterentwicklung verdeutlicht.

Beginn mit Temperaturwerten in abstrakten Zahlenwerten und statistischer Kommentierung. Die Zahlen sind mit Farbsymbolen unterlegt, deren Bedeutung man sich mühsam klar machen muß. Hier wäre eine Flächendarstellung wesentlich anschaulicher. Die Temperaturentwicklung hätte später präsentiert werden können. Viel Zeit wird vertan, dem Zuschauer die Zahlen vorzulesen oder (nur den Statistiker interessierende) Maximal- und Minimalwerte aufzuführen.

Musterhaft ist hier der Einsatz des Satellitenloops, der allerdings besser hätte zweimal oder langsamer gezeigt werden sollen. Mustergültig ist auch die animierte Weiterentwicklung. Zum Schluß dann ein Mix von abstrakten Symbolen und (nun plötzlich) einer Flächendarstellung der Temperatur. Insgesamt viele gute Ansätze, doch würde man sich bei der Umsetzung eine konsequentere Gestaltung wünschen.

Die Reihenfolge der Karten müßte dringend überdacht werden, denn der anfangs sichtbare Endzustand des Satellitenloops wird in den ersten beiden Karten nicht erklärt und geht als Informationsträger völlig am Zuschauer vorbei.

Grundsätzlich kann zu den Wetterpräsentationen gesagt werden, daß meistens die Bedingungen des Mediums Fernsehen nur unzureichend genutzt bzw. berücksichtigt werden. Animationen in der Fläche sind noch immer die Ausnahme. Das Zusammenspiel von Bild und Text läßt noch viele Wünsche offen.

Zur sprachlichen Gestaltung von Wetterberichten
Abschließend seien noch einige Betrachtungen zur sprachlichen Gestaltung von Wetterpräsentationen gegeben:

Wissenschaftsjournalisten orientieren sich an den Vorstellungen und Wünschen der Allgemeinheit – und sie orientieren sich am Vorwissen der Laien. Sie leisten gewissermaßen Übersetzerarbeit. Wie ein guter Übersetzer übertragen sie nicht alles Wort für Wort und Komma für Komma, sondern dem Sinn nach. Der Sprachenübersetzer muß den jeweiligen kulturellen Hintergrund beider Sprachen kennen und überträgt Bedeutungsinhalte, nicht Einzelformulierungen. Ebenso transponiert der Wissenschaftsjournalist die Aussage der wissenschaftlichen Disziplin in die Sprache der Alltagskultur.

These 5: Wetterinformation muß eine Art Übersetzungsarbeit leisten: Die Fachinformation muß in die Sprache und das Verständnis von Laien übersetzt werden.
An einigen Beispielen möchte ich aufzeigen, wie diese wissenschaftsjournalistische Übersetzerarbeit zu leisten ist.

Das beginnt bereits bei Begriffen, die gar keine Fremdwörter sind, dennoch für viele Menschen unverstanden bleiben, weil sie damit nichts anzufangen wissen. Die „relative Luftfeuchtigkeit" ist als Begriff für die meisten Menschen unklar und die genannten Werte bleiben zumeist abstrakt. Reine Übersetzung hilft hier überhaupt nicht weiter. Man kann aber ganz auf diese wissenschaftlich genauen Angaben verzichten, weil es in der Alltagssprache sehr schöne Begriffe gibt, die man nur einzusetzen braucht. Begriffe wie „feucht", „trocken" oder „schwül" sagen dem Laien eigentlich alles, was er in diesem Zusammenhang zu wissen wünscht.

Mit „50% relativer Feuchte" wird ein Laie nicht viel anfangen können. Der Fachmann verweist dann gern darauf, daß mit dieser Angabe allein nichts anzufangen sei, daß dazu noch die Temperaturangabe gehöre. Warum die Temperaturangabe dazu gehört, wird dem Laien erst recht unverständlich sein. Und mit der kompletten Angabe „50% relativer Feuchte bei einer Temperatur von 20 Grad" wird er nichts Konkretes verbinden können. Die Angabe ist wissenschaftlich korrekt, die einzelnen Worte sind keine komplizierten Begriffe, keine Fremdwörter – und dennoch bleibt die gesamte Information unverstanden.

Auch ein „Hochdruckkeil", der sich „nach Süddeutschland vorschiebt", dürfte bei vielen Laien nur unvollkommene Vorstellungen vom wirklichen Geschehen auslösen. Umschreibungen oder Übersetzungen helfen hier auch nicht weiter. Selbst „Hochdruck- oder Tiefdruckgebiet" sind Begriffe, die dem Laien nicht das sagen, was sie dem Fachmann bedeuten. Fast jeder, so kann man annehmen, übersetzt sich selber diese ja sehr eingeführten Begriffe mit „guter bzw. schlechter Wetterlage". Die Fachbegriffe „Hochdruck- bzw. Tiefdruckgebiet" sind bereits selbst zu Synonymen der Alltagserfahrung geworden. Insofern müssen sie tatsächlich nicht mehr übersetzt werden.

Ein weiteres Beispiel: Den Begriff „Thermik" nur zu übersetzen, würde dem Laien nicht den Wetterzusammenhang verdeutlichen. Hier müssen Bilder gefunden werden, die der Alltagswelt entstammen. Zu empfehlen etwa das folgende Beispiel aus einem gesprochenen Wetterbericht: „Das ist wie in einem Kochtopf, in dem die Luftblasen nach oben steigen". Dieses Bild vermittelt anschaulich, was in etwa passiert. Vielleicht sollte man das Bild noch ausschmücken. Wichtig ist, daß man sich einer Metapher bedient, die der einzelne aus Erfahrung kennt. Nur so erschließt sich der Sinn des Geschehens, und der Laie begreift besser die Dynamik einer Wetterfront.

Oder der Begriff „Konvektion": Wörtlich übersetzt etwa „Mitführung". Auch hier müßte eine Metapher gefunden werden, die den Zusammenhang anschaulich macht. Ganz zu schweigen von Begriffen wie „adiabatische Temperaturabnahme", „Corioliskraft", „Windstärkeoszillation", „Phaseninstabilität" oder „barokline Instabilität".

Solche Begriffe finden sich erfreulicherweise nicht oder kaum noch in den Wetterberichten. Dennoch: Immer wieder rutscht einem Fachmann dann doch ein Begriff heraus, den er in der Fachdiskussion nur allzu oft gebraucht hat und der ihm ganz offensichtlich in Fleisch und Blut übergegangen ist.

Wenn der Vorhersagemeteorologe, wie erst kürzlich geschehen, den stärkeren Wind durch die „auffälligen Temperaturgradienten" erklären will, dann dürfte es dem Laien wenig helfen, wenn man diesen Begriff durch „Temperaturunterschiede" ersetzt. Für den naturwissenschaftlich gebildeten Laien ist der Zusammenhang vielleicht klar, aber der hätte womöglich auch den Begriff „Gradient" verstanden. Dem Laien müßte erst einmal klar gemacht werden, daß Temperaturunterschiede zu Druckunterschieden führen und daß diese letztlich die Windströmungen hervorrufen. Das alles ist sehr kompliziert und wirkt in der fachlich-abstrakten Erklärung eher schulmeisterlich. Als Journalist muß man sich dann anschauliche Bilder einfallen lassen, die den Zusammenhang klar machen, und zwar Bilder aus der Anschauungswelt des Laien.

Hundertprozentige Entsprechungen lassen sich vermutlich nie finden. Allerdings muß man sich im Klaren sein, daß man mit einem vielleicht nicht ganz passenden Bild mehr Verständnis erreicht als mit einer fachlich korrekten, letztlich aber völlig unverstandenen Sachdarstellung.

Wer wegen der nicht ganz hundertprozentigen Übereinstimmung jeglichen Gebrauch von Metaphern und Bildern ablehnt, macht es sich zu leicht. Fast alle Fachleute unterschätzen die Schwierigkeit von Laien, mit fachlich abstrakten Darstellungen umzugehen, weil sie sich so sehr an das Fachvokabular gewöhnt haben und sich in das Laienverständnis gar nicht mehr hineinversetzen können. Allzu leicht ist die Verführung, das eigene Verständnis mit der Verständnisfähigkeit der anderen gleichzusetzen. Dafür hat sich das schöne Wort vom Fachidioten eingebürgert. Die Fähigkeit, sich in die Verständniswelt der anderen hineinzuversetzen, ist eine Fähigkeit, die von Wissenschaftlern mehr und mehr gefordert werden wird. Meteorologen waren schon sehr früh gefordert, sich auf das Laienverständnis einzustellen. Sie sollten diesen Weg mutig weitergehen.

Dipl.-Ing. Winfried Göpfert ist Professor für Wissenschaftsjournalismus am Institut für Publizistik, FU Berlin. Er studierte Nachrichtentechnik an der Universität Karlsruhe und war 19 Jahre lang Wissenschaftsredakteur beim Sender Freies Berlin.
E-msil: goepfert@zedat.fu-berlin.de

5.2 Grundsätzliche Probleme der Vermittlung von Wetterinformationen – Erkenntnisse aus früheren Jahren

Helmut Götschmann

Seit vielen Jahren bemühen sich Meteorologen, ihr Wissen über das Wetter – in der täglichen Praxis über das zu erwartende Wetter – möglichst verständlich via Presse, Funk und Fernsehen einem meist aus meteorologischen Laien bestehenden Publikum zu vermitteln. Dem stehen objektive und subjektive Zwänge teilweise entgegen, wie vom Autor bereits in (1) dargelegt wurde und sich kurz gefaßt wie folgt darstellt:

Es ist keineswegs einfach, dem Rezipienten Wettervorhersagen ohne Mißverständnisse und Verfälschungen zu vermitteln.

Die Sprache ist die Voraussetzung für die unverfälschte Informationsübertragung. Schon der altchinesische Lyriker Li Bai (Li Taipeh) – er lebte von 701 bis 762 – äußerte auf die Frage, womit er begänne, wenn er ein Land zu verwalten hätte: „Ich würde den Sprachgebrauch verbessern… **Wenn die Sprache nicht stimmt, so ist das, was gesagt wird, nicht das, was gemeint ist…**"

Eine frühere Untersuchung bei der Akademie für Sprachwissenschaft hat zwar bestätigt, daß die Fachsprache der Meteorologen weitestgehend richtig verstanden wird, dennoch: Das Verstehen leidet trotz verständlicher Wörter infolge von Informationsüberflutung und der Darstellungsart.

Abb.: Wie soll man die Schönheit und dennoch Dramatik eines Schneefalls zur Obstblütezeit darstellen? (Foto: S. Kämpfe, 21.4.1991, bei Weimar)

Als nahezu unlösbar ist die Raum-Zeit-Problematik anzusehen. Je größer das Vorhersagegebiet und je ausgedehnter der Vorhersagezeitraum sind, desto länger müßten die Ausführungen zur Vorhersage sein, was seitens der Medien nicht akzeptiert wird und auch nicht zum besseren Verständnis führen würde.

Einige Aspekte aus einer Publikation der Weltorganisation für Meteorologie (WMO) (2) spiegeln diese Gedanken wider:
– A weather forecast, to be useful, has to be specific and should be worded in such a way that the user understands immediately what is meant. Therefore the terms used should be unmistakable...
– Selecting the right words for many quite simple and natural ideas that he wants to express becomes difficult...
– Yet the forecaster should be very careful not to include too much detail in his bulletin.

Verändertes Umfeld
Es besteht kein Zweifel, die Präsentation der Wetterberichte hat sich in den vergangenen Jahren wesentlich verändert. Die Gründe dafür sind vielfältig und nicht allein eine Folge der jahrelangen Ermahnungen, Empfehlungen – auch seitens der WMO (2). Im Umfeld vollzogen sich Veränderungen, die man einerseits mit dem altbekannten Spruch beschreiben kann: „Konkurrenz belebt das Geschäft". Aber das ist nur ein Aspekt. Meines Erachtens haben sich u. a. folgende Faktoren ausgewirkt:
– Die rasante Entwicklung der Informationstechnik,
– die Schaffung des europäischen Binnenmarktes und nicht zuletzt dadurch
– die Beseitigung der Monopolstellung staatlicher Wetterdienste,
– die konkurrierenden Anbieter von Wetterinformationen,
– die konkurrierenden Medien und der Kampf um Quoten,
– das erhebliche Anwachsen der Zahl elektronischer Medien (allein in Berlin gibt es 33 Hörfunksender),
– die Sendezeiten im Fernsehen wurden erheblich ausgeweitet, insbesondere die Einführung von Morgenmagazinen mit Wetterberichten sind hier erwähnenswert,
– in zahlreichen Regionen senden Inforadiodienste Wetterberichte im 20-Minuten-Takt,
– andererseits wurden die Fernsprechansagedienste drastisch verteuert,
– Videotextseiten bieten Fernsehzuschauern aktuelle Wetterinformationen (so z. B. im ORB on-line vom DWD in Potsdam),
– in zunehmendem Maße findet das Internet Zuspruch und wird für Wetterinformationen genutzt,
– die Entwicklung der Modelle und Rechentechnik gestattet unterdessen teilweise die automatische Erzeugung und Verbreitung meteorologischer Informationen.

- Nicht zuletzt ist bei den veränderten Umfeldbedingungen auch die Neuorganisation des Deutschen Wetterdienstes zu nennen und
- das neue Wetterdienstgesetz, das ab 1.1.1999 in Kraft tritt.

Kritisches zu den Veränderungen der Präsentation während der vergangenen Jahre

Im Folgenden wird der Versuch unternommen – durchaus subjektiv aus der Sicht eines Meteorologen Jahrgang 1935 – die Veränderungen bei der Präsentation der Wettervorhersagen kritisch zu beleuchten, denn meines Erachtens sind nicht nur Verbesserungen festzustellen.

Mittels nachfolgender Matrix wird betrachtet, wie sich Sprache, Stil, bildliche Darstellung, Wettbewerb und Automation verändert haben und wie sich diese Veränderungen auf Verständlichkeit, Informationsgehalt, Aktualität, Seriosität, Bedarfsabdeckung und Akzeptanz ausgewirkt haben.

Seitens mancher Medien wird bezüglich der **Sprache und Wortwahl** in Wetterberichten eine Verteufelung von Begriffen gefordert. Das halte ich für ebenso falsch – sofern es nicht um Fachausdrücke geht, die in der Allgemeinheit unverständlich sind – wie die Einengung auf immer wiederkehrende Termini, wie das in der Vergangenheit teilweise durch Sammlungen meteorologischer Termini beinahe gefördert wurde. Unterdessen kann man jedoch beobachten, daß bestimmte „auf den Index gesetzte" Begriffe bei einigen Sendern und Meteorologen vermieden werden, dafür häufen sich andere „Modewörter", z. B. „Aufhellungen".

Insgesamt ist die Sprache in Wetterberichten volkstümlicher geworden, aber in der Wortwahl oft immer noch sehr bescheiden. Das mag auch an der Kürze der Zeit liegen (anders als bei Goethe s. u.), in der die Texte verfaßt werden müssen. Voraussetzung ist aber stets ein großer Wortschatz, über den der Vorhersagemeteorologe verfügen muß.

Goethe äußerte sich, befragt nach seinem guten Stil: „Ich habe die Gegenstände **ruhig auf mich einwirken lassen** und den bezeichnendsten Ausdruck dafür gesucht." Immerhin, Goethe gebrauchte in seinen Werken ca. 20.000 Wörter, während ein durchschnittlicher Erwachsener 6.000 bis 10.000 Wörter kennt. Der Gesamtwortbestand einer modernen Kultursprache wird auf 2 Millionen Wörter geschätzt.

Eine stichprobenhafte Auswertung der von uns in Potsdam ausgegebenen Wetterberichte nach sprachlicher Tristesse an Hand von 25 willkürlich ausgewählten Wetterberichten à ca. 10 Zeilen bestätigte die Vorliebe für schwach (34 mal), mäßig (31 mal) und meist (30 mal), dagegen kam Niederschlag nur 4 mal vor.

Wetterbericht – Nachricht oder Unterhaltung?

In den vergangenen Jahren wird von manchen Sendern (Hörfunk und Fernsehen) der Wetterbericht als Unterhaltungsbeitrag und nicht mehr als Nachricht verstanden, das

Wie haben sich Veränderungen der Präsentation und veränderter Umfeldbedingungen ausgewirkt?

Veränderungen	Sprache	Stil	bildliche Darstellung	Wettbewerb	Automation
	volkstümlich Vermeidung von Fachausdrücken "Verteuflung" von Begriffen	Telegrammstil Satzstil	Filmläufe Computeranimation Zeitungsseiten	Zahl konkurrierender Anbieter gestiegen	automatisch erzeugte Wetterberichte
Verständlichkeit	verbessert Unterhaltungswert gesteigert	unterschiedlich bewertet, ggf. regionale Gepflogenheiten	je nach Machart positiv oder negativ	grundsätzlich hat sich ein gesunder Wettbewerb positiv ausgewirkt	Tendenz zu stereotypen Texten
Informationsgehalt	teilweise der "Show" geopfert	ohne Auswirkung	oft der "Show" bzw. Form geopfert zum Teil aber auch positiv	teilweise positiv, teils auch negativ	keine Aussage mangels hinreichender Erfahrung
Aktualität	ohne Auswirkung	ohne Auswirkung	trotz moderner Technik erfordern Produktionszeiten und Redaktionsschlüsse frühere Ausgabe	im Prinzip ohne Auswirkung, aber	meist ohne Auswirkung, kann sich eher positiv auswirken
Seriosität	teilweise der Sucht nach "Dramatik" geopfert	ohne Auswirkung	ohne Auswirkung	möglichst als erster mit einer "Wettersensation" auf dem Markt sein, koste es an Wissenschaftlichkeit was es wolle	ohne Auswirkung
Bedarfsabdeckung	ohne Auswirkung	ohne Auswirkung	vielfach nicht befiedigend	offenbar von den Medien nicht mehr gewollt	ohne Auswirkung
Akzeptanz	unterschiedlich, überwiegend positiv, wenn nicht niveaulos	unterschiedlich	sehr differenziert	von den Rezipienten oft gar nicht wahrgenommen	vor allem von jungen Rezipienten akzeptiert (SKYPER u. a.)

zeigt schon die Zuordnung in diesen Anstalten zur Unterhaltungs- und nicht zur Nachrichtenredaktion. Dennoch gibt es kaum Nachrichtensendungen, ohne daß auch ein Wetterbericht davor oder danach ausgestrahlt würde.

Seit einiger Zeit ist auch in Mode gekommen, den Wetterbericht oder die Meteorologen-Live-Gespräche mit Musik zu unterlegen. Das trägt keineswegs zum besseren Verständnis des Wetterberichtes bei und stört viele Hörer.

Dieses Wetterberichtsverständnis seitens der Medien hat nicht unwesentliche Auswirkungen auch auf die Sprache, insbesondere im Zusammenwirken mit der Wettbewerbssituation. Der Anbieter von Wetterberichten, der den Vorstellungen der Redakteure – nicht in jedem Falle gleichzusetzen mit denen der Hörer und Fernsehzuschauer – vom Unterhaltungswert des Wetterberichtes am besten entspricht, bekommt den Zuschlag. So ist dann aber zu beklagen, daß teilweise die Seriosität der Sucht nach „Dramatik" geopfert wird und auch Vulgärsprache zeitweise „salonfähig" wurde. Interessant ist freilich, daß schon vor mehr als 100 Jahren, nämlich 1888, Bruno Bucher in der illustrierten Zeitschrift „Vom Fels zum Meer" kritisierte, daß das Zeitungswesen zur Sprachverlotterung beigetragen habe. Er schrieb: „Unserer Zeit ist eigentümlich die Sucht, allem einen Nachdruck zu geben, für welchen die gewöhnlichen Wörter auch im Superlativ nicht genügen: Da ist alles ‚enorm, kolossal, riesig, sensationell'...", dem sind nur die „dramatischen" Schneefälle unserer Tage hinzuzufügen.

Als unseriös und Sensationshascherei verurteile ich auch die durch ein falsches Wettbewerbsverständnis entstandene Gier, möglichst als erster mit einer „Wettersensation" auf dem Markt sein zu wollen, koste es an Wissenschaftlichkeit was es wolle. Ein besonderes Beispiel, wie auch der Informationsgehalt im Interesse des Unterhaltungswertes der Show geopfert wird, ist der tägliche Biowetterbericht in der Sendung „Brisant". Wenn man den der Redaktion übergebenen Text kennt, weiß man erst, welch inhaltlicher Unfug nach der redaktionellen Bearbeitung über den Bildschirm flimmert.

Besonders bedenklich sind die von einzelnen Hörfunkmoderatoren teilweise recht massiv vorgetragenen „Wünsche" an die Meteorologen, in Live-Gesprächen den Inhalt entgegen der Wetterentwicklung zum besseren Wetter hin zu verbiegen. Solches Ansinnen gab es früher nur in der DDR vor Staatsfeiertagen. Ein weiterer Aspekt ist die fast ausschließliche Orientierung der Medien auf den Freizeitwert des Wetters. Selbst nach wochenlangen Trockenperioden ist ein zu erwartender Regen möglichst mit Bedauern zu verkünden.

Auch Aktualität geopfert
Verändert hat sich in den letzten Jahren teilweise auch die **Aktualität** der Wetterberichte und beklagenswerter Weise nicht immer – wie es sich für eine Nachricht gehört – in Richtung größerer Aktualität, sondern umgekehrt. Die Ursachen liegen in den für anspruchsvollere Darstellungen längeren Produktionszeiten bei den Fernsehanstalten (trotz immer modernerer Technik) und bei den Zeitungen bei früherem

Redaktionsschluß. Für manche Zeitungsseite für den nächsten Tag liegt der Zeitpunkt früh morgens um 8 Uhr.

Insgesamt positive Entwicklung
Anliegen dieses Beitrages soll es sein, nicht die positiven Veränderungen in den Vordergrund zu rücken, weil das von anderer Seite hinreichend erfolgt, sondern einiges Kritische anzumerken, dennoch will ich aber auch hervorheben, daß sich die Verständlichkeit, dank einer blumigeren Sprache, der Verwendung von Metaphern und zum Teil recht guter bildlicher Darstellungen in zahlreichen Berichten verbessert hat. Das kommt besonders dann zur Geltung, wenn für die Darbietung **hinreichend Sendezeit** zur Verfügung gestellt wird.

Chance für die Meteorologie
Noch etwas hat sich in den letzten Jahren getan. Die Vielzahl von – oft nur lokalen oder regionalen – Hörfunk- und auch Fernsehsendern ist mit der Forderung an die Meteorologen verbunden, kleinskalige Vorhersagen zu erstellen. Die Meteorologie sollte das durchaus als Herausforderung und Chance verstehen. Sicher ist nicht jede geforderte räumliche Detaillierung meteorologisch sinnvoll, aber für den Rezipienten leichter verständlich. In solchen detaillierten Wettervorhersagen kann der Informationsgehalt sehr hoch sein, ohne daß er unverständlich wird. Bei der Verwendung von regionalspezifischen Gebietsbezeichnungen besteht lediglich die Gefahr, daß diese Berichte nur von Ortskundigen verstanden werden (nicht jeder kennt beispielsweise die „Griese Gegend", die zwischen Lübtheen und Dömitz/Elbe liegt). Problematisch stellt sich bei Individualberichten für Lokal- oder Regionalsender der erforderliche Arbeitsaufwand dar.

Das Gegenteil sind Wetterberichte, die ein großes Gebiet mit maximal 5 Zeilen abdecken sollen und sich zwangsläufig fast immer durch dürftigen Informationsgehalt „auszeichnen". Die Angabe bei einem Deutschlandwetterbericht, z. B. „Höchsttemperatur zwischen 10 und 20 Grad" läßt die Frage offen, ob man besser Sommer- oder Winterkleidung trägt.

Orientierung am niedrigsten Bildungsniveau?
Seitens der Medienvertreter wird häufig die Forderung erhoben: Der Wetterbericht muß für jeden verständlich sein. Muá er das? Das Niveau einer wissenschaftlich erarbeiteten Aussage darf sich nicht am niedrigsten Bildungsniveau orientieren. Zahlreiche Sendungen mit wissenschaftlichem und populärwissenschaftlichem Inhalt wären dann auch nicht zum Senden geeignet.

Empfehlungen
Aus meinen kritischen Anmerkungen ziehe ich die in der nachfolgenden Tabelle dargestellten Schlußfolgerungen.

Unterhaltsam und seriös!

Schlußfolgerungen	
Sprache	– keine Verteufelung von Begriffen
	– Sprachschatz erweitern
	– sparsamer Umgang mit Superlativen
Stil	– kein Dogma
Bildliche Darstellung	– nicht an bunten Farben ohne nennenswerte Informationen ergötzen
	– Wert auf Inhalt und nicht nur „Verpackung" legen
	– Aktualität
Wettbewerb	– keine Sensationshascherei
Automation	– nur ausgewählt verwenden
Große Vorhersagegebiete	– gut gliedern oder verzichten
Kleinskalige Vorhersagegebiete	– für Nowcasting zweckmäßig

Literatur:

(1) Götschmann, H.: Erfahrungen bei der Präsentation von Wetterinformationen in Medien und für spezielle Nutzer, aus Wetterinformation für jedermann – aber wie? DMG, Berlin 1991

(2) WMO-No.688, Meteorology and the Media, Genf 1987

Dipl.-Met. Helmut Götschmann ist Leiter der Regionalzentrale und der Niederlassung Potsdam des Deutschen Wetterdienstes. Er studierte von 1954 bis 1959 an der Universität Leipzig.
E-mail: hgoetschmann@dwd.d400.de

5.3 Gedanken zur angemessenen Formulierung von Wettervorhersagen
Manfred Geb

Der Meteorologe, bevor er sich mit seiner Vorhersage an das Publikum wendet, ist heute in erster Linie fachkundiger Interpret der aktuellen großräumigen Wettervorhersage auf der Basis numerischer Modelle der realen Atmosphäre: Er übersetzt den vielfältigen Ausstoß der großen Wetterrechner in eine tabellarische oder fortlaufende Textform, die für einen vereinbarten Zeitraum die voraussichtliche Wetterentwicklung in einem bestimmten Gebiet beschreibt. – Hierbei ist er einem reproduzierenden Künstler vergleichbar, der die frischgedruckten Noten eines anspruchsvollen Komponisten am heimischen Instrument in Klänge umsetzt – zuerst vom Blatt, später gut studiert.

Tritt dieser reproduzierende Künstler dann vor sein Publikum, so wird er als *Interpret* und zugleich als *Medium* die ursprünglich fremde Komposition in *seiner* Weise zur Geltung bringen. Dabei sind recht strenge Regeln zu beachten, auf deren Einhalt das Publikum größten Wert legt: Steht beispielsweise Schubert im Hauptprogramm, so kann der Interpret nicht kurzerhand Musik von J. S. Bach anbieten, nur weil ihm an diesem Abend nicht nach Schubert ist! – Darüber hinaus hat es das überwiegend fachkundige Publikum auf seine Weise in der Hand, ggfs. dafür zu sorgen, daß eine stümperhafte oder zu stark verfremdete Interpretation abgebrochen oder wenigstens nie wieder vor Publikum wiederholt wird.

Der vorhersagende Meteorologe als nachschaffender und zugleich vermittelnder Wissenschaftler (und Künstler!) hat sich daran gewöhnt, daß er jenes vorzüglichen

Abb.: *Aufreißen der Bewölkung nach einem Frontdurchgang (Foto: F. Krügler)*

Regulativs in Gestalt eines stets präsenten und zugleich kundigen Publikums entbehren muß. – Um dieses Manko auszugleichen, bedarf es einer freiwilligen strikten Selbstkontrolle, um eine in *beiderlei* Hinsicht angemessene Formulierung von Wettervorhersagen zu erzielen,
a   hinsichtlich der Interpretation der objektiv vorgegebenen wissenschaftlichen Grundtatsachen samt des aktuellen Computer-Outputs zur Wetterprognose und
b   mit Blick auf die eingleisige, aber trotzdem möglichst unmißverständliche Kommunikation mit einem räumlich oder zeitlich entfernten Publikum, dessen Aufnahmefähigkeit, Verständnis, Reaktion und mögliche Rückäußerung in diesem Moment nicht bekannt sind.

A   Objektive wissenschaftliche Vorgaben
(1) Wetter ist mit unseren Sinnesorganen und mit geeigneten Instrumenten wahrnehmbar, und es ist durchaus möglich, diese Wahrnehmungen des irdischen Wetters weitgehend objektiv – d. h. losgelöst von den persönlichen Gestimmtheiten der Beobachter – zusammenzufassen.
(2) Wetter ist ein äußerst komplizierter atmosphärischer Prozeß; hierbei laufen viele einzelne Wettervorgänge gleichzeitig in unterschiedlichen Raum- und Zeitmaßstäben ab.
(3) Die *wissenschaftliche* Prognose des künftigen Wetters setzt definierte, prüfbare Verfahrensweisen voraus. U. a. stehen dem Prognostiker objektivierbare Hilfsmittel (guidances) zur Vorhersage einzelner Wetter-Elemente zur Verfügung.
(4) Für die genaue Formulierung der Prognose dient hier die deutsche Sprache in Form einer wissenschaftlichen Fachsprache ohne jeden Emotionsgehalt.

B   Die subjektiven kommunikativen Erfordernisse
Mit der nach (A) erarbeiteten Wettervorhersage als exakter Grundlage wendet sich der Medienmeteorologe an das allgemeine Publikum oder an bestimmte Gruppen von Nutzern und Kunden.
(1) Das nicht fachkundige Publikum kann die Fachsprache der Meteorologen (z. B. „heiter" bis „stark bewölkt") nicht immer recht verstehen und bewerten. Umgekehrt wäre es ein Fehler, die fachsprachliche Wortwahl und Logik allein an umgangssprachlichen Gewohnheiten der Medien und Nutzer zu messen.
(2) Die Nutzer gehen regelmäßig von ihren eigenen (1-dimensionalen) Standorten aus, auf die sie jede Prognose beziehen und diese dort an den momentanen Wetterzustand *knüpfen*.
(3) Die *interessierten* Nutzer brauchen eine detaillierte Wettervorhersage vor allem zur Optimierung eigener geplanter *Aktivitäten:* Ihre dazu gehörenden *Erwartungshaltungen* stellen weitere, subjektive *Anknüpfungspunkte* dar.
(4) Zu den verschiedenen in der Prognose genannten Wettervorgängen hat jeder Nutzer eigene, gefühlsmäßige Beziehungen, die für ihn sehr wichtig sind.

(5) Achtung: Auch die prognostizierenden Meteorologen sind grundsätzlich von den in (2), (3), (4) genannten Faktoren betroffen, die *unbemerkt* in die Wettervorhersage durchschlagen können.

A' Probleme und Schlußfolgerungen der wissenschaftlichen Vorgaben (A)
Eine Wettervorhersage, die die genannten wissenschaftlichen Vorgaben nicht angemessen berücksichtigt, ist – unabhängig von der Art der Formulierung – als Information für den Nutzer letztlich wertlos.

zu (1) Das reale Wetter und seine Vorhersage sind – leider – gerade *nicht* mit der *freien* schöpferischen *Phantasie* faßbar und interpretierbar – eine Versuchung, der eigentlich niemand auf Dauer widerstehen kann!

zu (2) Statisch oder plakativ angelegte Prognosentexte verraten oft ungewollt, daß bei ihrer Abfassung wichtige Wettervorgänge und Wechselbeziehungen nicht berücksichtigt worden sind. Insbesondere sollten die Berichte regelmäßig nach den natürlichen Zeitmaßstäben gegliedert sein, um so Fehlprognosen in einfacher Weise zu verringern.

zu (3) Übereiltes Festlegen der Prognose schon bei Dienstantritt macht den Verzicht auf wissenschaftliche Verfahrensweisen und Hilfsmittel ebenso sichtbar wie später ein spontanes Abrücken von der laufenden Prognose – und das vielleicht nur wegen einer beeindruckenden momentanen Wetteränderung, die in die kleine Zeit-Skala (1 Stunde) gehört.

Wissenschaftlich gut oder weniger gut „studiert" wendet sich der Prognostiker zur gegebenen Zeit an das Publikum. Unversehens findet er sich nunmehr in der Rolle des Mittlers wissenschaftlicher Wettervorhersagen, also des Mediums wieder.

B' Probleme und Schlußfolgerungen zu den Erfordernissen der erfolgreichen Kommunikation mit den Nutzern (B)

zu (1) Die zuvor erarbeitete wissenschaftliche Wettervorhersage wird vom Medium *so* formuliert, daß jeder Nutzer die Chance hat, sie vollständig zu verstehen und richtig zu bewerten.

zu (2) Der auf die Nutzer abgestimmte Wetterbericht berücksichtigt auf jeden Fall deren Standorte sowie das dort herrschende Wetter als vorgegebene *Anknüpfungspunkte* beim Start der Prognose, z. B. *„nach meist klarer Nacht* anfangs heiter, später zeitweise/vorübergehend Regen; nicht: „gebietsweise", es sei dann, das Gebiet wird genannt.

zu (3) Die für die interessierten Nutzer besonders bedeutsamen Teile der Prognose müssen *angemessen* herausgearbeitet werden, auch wenn die zugehörige Eintreffwahrscheinlichkeit deutlich unter 50% liegt, z. B. „(vereinzelt/geringe) Gefahr von starken Böen, Nachtfrost, Gewitter" u. a. m..

zu (4) *Sonnenschein* und *Regen* sprechen die Nutzer emotional viel stärker an als eine ausgeklügelte Bewölkungsabstufung. Letztere kann ohne weiteres in

„überwiegend, zeitweise, kaum, kein Sonnenschein" umformuliert werden.
Windböen werden etwa ab Stärke 5, besonders aber ab Stärke 7–8 von den Nutzern als wichtig oder störend empfunden und bewertet.
Die *Windstärke* hat für das Temperaturempfinden der Menschen in der freien Natur fast dieselbe Bedeutung wie der *Sonnenschein* für das der Medienmenschen hinter ihren Glasfassaden!
Die *Tiefsttemperatur* interessiert die Nutzer im allgemeinen erst dann, wenn sie oberhalb 15°C bleibt oder anderenfalls den Gefrierpunkt erreicht und unterschreiten soll. *Erhebliche Änderungen* im Vergleich zum bisherigen Temperaturverlauf sind herauszustellen, z. B. „nachts *deutlich kälter* als bisher mit Tiefstwerten unter −5°C".
Sind schließlich Änderungen nicht zu erwarten, so ist dies bei den entsprechenden Wetterelementen ausdrücklich hervorzuheben.

C Allgemeines

Bei der Präsentation des Wetters soll der Nutzer der Medien auch die Chance haben, sich über seine Umwelt weiterzubilden, z. B. was den Wind betrifft: Ohne Wind und Windsysteme kein Wetter! Solange Kollegen im Fernsehen die Zeitrafferaufnahmen der Wolkenentwicklung ungewollt *gegen den Wind bürsten,* also in der Gestik gegen die Zugrichtung weisen, herrscht hier noch ein unübersehbarer Nachholbedarf!

Die Nutzer der Medien erwarten – unbewußt – jedesmal eine besondere Nachricht. Dies könnte auch der Wetterbericht bieten, z. B. mit einem Überraschungseffekt: „Der Wind dreht von Süd auf Nord, aber gleichzeitig wird es wärmer!"

Der Medien-Meteorologe wird sicherlich leichter das Vertrauen des Publikums erlangen und behalten, wenn er die Prognose situationsgetreu etwa so einleitet: „Ich/Wir (Meteorologen) erwarte(n), daß sich das Wetter morgen wie folgt entwickeln wird:…." Diese *persönliche Art der Vermittlung* wird das Publikum niemals auf die Idee bringen, die Meteorologen lögen! Übrigens: Die entsprechenden Formulierungen sind in den führenden nutzer- und medienorientierten Ländern längst gebräuchlich.

Schlußfolgerungen

Wetterprognosen sind in zwei Stufen zu erstellen:
(A) wissenschaftlich objektiv; danach (B) an den Nutzer gewandt allgemein verständlich.
Nur in Zusammenarbeit mit *Medien* und *Nutzern* können Wert und Verständlichkeit einer publikumsorientierten Wettervorhersage richtig beurteilt werden.

Dr. Manfred Geb ist Professor für Meteorologie. Er leitet die Gruppe „Synoptische Wetter- und Klima-Karten" im Institut für Meteorologie der FU Berlin.
E-mail: mkrgeb@zedat.fu-berlin.de

5.4 „Was läßt sich wie gut vorhersagen... und was (noch) nicht?"
Konrad Balzer

1. Vorwort
Dem Titel dieses Buches entsprechend ging es in den vorangegangenen Beiträgen hauptsächlich um das „Wie?", d.h. um jenes wichtige Teilstück der Informationskette, das zwischen dem wissenschaftlichen Output und dem Input des Interessenten liegt.

Nun wäre allein dieser, in früheren Zeiten mitunter stiefmütterlich behandelte Aspekt Grund genug für diese Publikation. Sie wird aber sicher noch interessanter, wenn der Leser auch über das „Was?" aktuell informiert wird.

Was, also, läßt sich zum Ende dieses Jahrhunderts (für mitteleuropäische Interessenten) mit welcher Qualität vorhersagen... und was (noch) nicht? Das ‚noch' in Klammern soll lediglich darauf verweisen, daß wir hier nicht die sicher aufregende Frage beantworten werden, ob und wie weit die gegenwärtig erkennbaren Grenzen der Vorhersagbarkeit künftig hinausgeschoben werden können.

Abb. 1: Sonnenuntergang in subtropischer Luftmasse. Blick vom Staufen im Breisgau zum Grand Ballon, Vogesen (Foto: K. Balzer)

2. Erläuterungen
Die Antwort auf unsere allgemein gestellte (Titel-)Frage erfordert auch eine allgemeine, das Typische, Normale charakterisierende Prüfmethode. Mit meist subjektiv gefärbten Bewertungen von Einzelfällen – und seien sie auch noch so spektakulär – ist es leider nicht getan. Dazu bedarf es der ziemlich aufwendigen Analyse aller, oder doch zumindest sehr vieler Einzelfälle.

Dieser wichtigen Aufgabe unterzieht sich – sine ira et studio – der deutsche Wetter(vorhersage)dienst seit seiner Gründung vor 122 Jahren. Ohne Unterbrechung, wenn auch leider mit wechselnden Methoden…

Zum besseren Verständnis der nachfolgenden Abbildungen seien die wichtigsten Definitionen vorangeschickt:
– Die **Genauigkeit** (besser: Fehlerhaftigkeit), mit der bestimmtes Wetter vorhergesagt werden kann, wird durch **rmse**, den mittleren (quadratisch gewichteten) Vorhersagefehler beschrieben. Eine perfekte, absolut fehlerfreie Vorhersagemethode erzielt ein rmse = 0.
– Um die **Güte** oder wissenschaftliche Vorhersage**leistung** zu bewerten, bedarf es immer eines Vergleiches mit einer (kostenlosen!) Referenzvorhersage. Als solche dient in der Kurzfrist meist die ‚Persistenzvorhersage' („Es bleibt, wie's ist!"). Bei der Mittelfrist (3–10 Tage im voraus) muß man sich am Klima-Wissen orientieren („Erwarte stets den Klima-Normalwert!"). Als Maß der Güte eignet sich die Größe **RV**:
RV = 100% ideal, perfekt
RV = 0% kein Unterschied (bezüglich rmse) zwischen echter und Referenzvorhersage
RV < 0% die echte Vorhersage ist ungenauer als die kostenlose Alternative!
– In der Regel nimmt RV mit wachsendem Vorhersagezeitraum ab. Der Zeitpunkt, wo RV = 0 wird, beschreibt uns die praktische **Grenze der Vorhersagbarkeit** eines bestimmten Wetterelements/-ereignisses in einer bestimmten Stichprobe.
– Informationen zum **Langzeittrend**, d.h. die Analyse zeitlich aufeinanderfolgender Prüfergebnisse – zum Teil aus mehr als 25 Jahren! – sollen diesen Beitrag beschließen.

3. Wie wird die Grenze der Vorhersagbarkeit bestimmt?

Ordinate: Vorhersagefehler rmse, Abszisse: Vorhersagezeitraum. Rote, braune Kurve: zwei unterschiedliche, automatische Vorhersagen, die mittels statistischer Interpretation von Druckfeld(!)-Vorhersagen zweier europäischer Zentren erzeugt wurden. Die blaue Kurve zeigt das Fehlerwachstum der sog. ‚Persistenz-Vorhersagen', das bereits ab dem 3. Folgetag das Fehlerniveau bloßer ‚Klimavorhersagen' (grüne Kurve) übersteigt!

Der Abstand zwischen der braunen (roten) Kurve und dem minimalen rmse-Wert der blauen oder grünen Kurve ist proportional der wissenschaftlichen Vorhersageleistung. Sie endet für ‚Braun', wie man sieht, bei ca. 7,5 Tagen im voraus. Für ‚Rot' (= konsequenter Modell-MIX der numerischen Ergebnisse zweier Zentren!) ist t2, die Grenze der Vorhersagbarkeit, erst 2 Tage später erreicht.

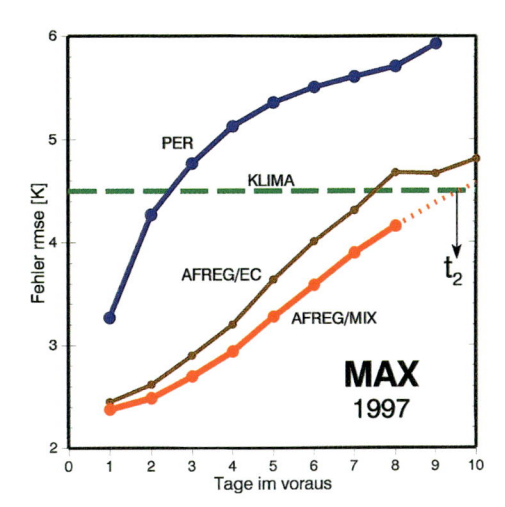

Abb. 2: So wird die wissenschaftliche Vorhersageleistung bestimmt

4. Nicht alles am Wetter ist gleich gut vorhersagbar

Der 5. Balken von oben ist uns bereits bekannt (s. Abb. 2). Noch weiter in die Zukunft hinein zu sehen, war bei der Windrichtung (Terminwerte!) und dem täglichen Temperaturminimum möglich. Zwischen $t2 = 10\ldots 11$ Tage schnitt auch die Vorhersageleistung der alternativ (binär) formulierten Windspitzen- und Niederschlagsereignisse überdurchschnittlich gut ab. Bei der Bewertung der Prognosequalität ist zu beachten, daß tageweise und lokal (Punktverifikation) geprüft wurde.

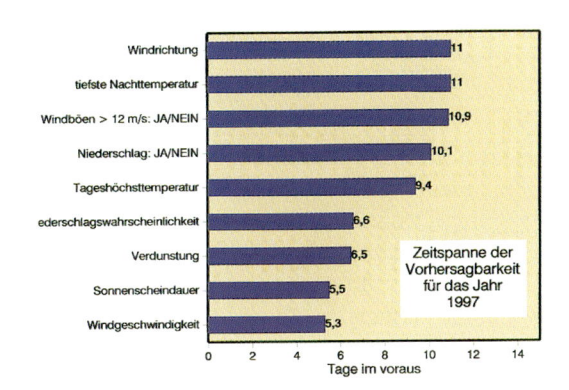

Abb. 3: Zeitspanne der Vorhersagbarkeit für einzelne Wetterelemente

Zwischen 5 und 6 Tage im voraus sind folgende Wetterelemente vorhersagbar: Windgeschwindigkeit, relative Sonnenscheindauer, die potentielle Evapotranspiration als ein Maß der Verdunstung und die Vorhersage der Wahrscheinlichkeit (!) eines Niederschlagstages mit >0 mm pro Tag.

Manchem Leser werden vielleicht noch aus früheren Zeiten die hohen Trefferprozente bei der Windvorhersage erinnerlich sein – und nun schneidet gerade dieses ‚leicht' vorherzusagende Wetterelement ziemlich ‚schlecht' ab! Bitte, bedenken Sie: hier wird konsequent und ‚gnadenlos' mit einem kostenlosen Alternativangebot **verglichen.** Und dabei wird ersichtlich, daß es bei manchen Wetterelementen sehr schwer fällt, auf Dauer genauer als die Klimaerwartung vorherzusagen.

5. Seltene Ereignisse sind schwieriger vorherzusagen

Auf der vorigen Seite war zu erkennen (4. Balken von oben), daß die Alternative ‚Niederschlagstag JA/NEIN' etwa bis 10 Tage im voraus prognostisch entschieden werden kann. Was passiert aber, wenn statt 24 Stunden 12-Stunden-Zeiträume interessieren und wenn die Binärschwelle nicht bei 0 mm, sondern 3 oder 10 mm liegt? Aus der klimatologischen Statistik folgt, daß die Grundwahrscheinlichkeit p eines Niederschlagsereignisses um so kleiner ist, je **kürzer** das interessierende Zeitintervall und je **größer** der Schwellenwert ist.

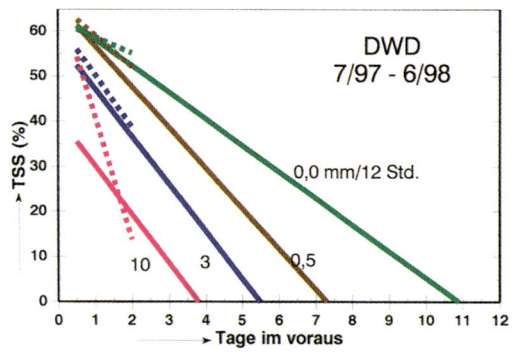

Abb. 4: Güte der numerischen Niederschlagsvorhersage als Funktion der Vorhersagezeit (x-Achse) und der Menge (mm/12 h)

Obige Abbildung (und viele andere) belegen nun, daß die Vorhersagegüte ganz entschieden von p abhängt. Am Beispiel automatischer Niederschlagsvorhersagen des Europa-Modells (EM) bzw. des Deutschland-Modells (DM) des Deutschen Wetterdienstes während eines ganzen Jahres wird sichtbar: Die Alternative >0.5 mm/ 12 Stunden JA/NEIN erbringt bis 7(!) Tage im voraus eine nachweisbare wissenschaftliche Leistung, bei 10 mm endet diese prognostische ‚Schallmauer' derzeit zwischen 3 und 4 Tagen. Für Kenner: Das physikalisch-numerisch anspruchsvollere DM erzeugt bis etwa +40 Stunden erwartungsgemäß genauere Vorhersagen als das EM, wenn es z. B. um Starkniederschlag (10 mm) geht, danach aber wird DM **unzuverlässiger.**

Fazit: Komplizierter ist nicht automatisch besser! Übrigens (was hier nicht gezeigt wird): Niederschlagsereignisse im **Stunden**intervall sind ca. 6 Stunden im voraus prognostizierbar, ‚Schauer' und ‚Gewitter' höchstens 4 bis 5 Stunden – für einen einzelnen Ort und je Stunde.

6. Nowcasting – eine große Herausforderung

Daß ein t2 existiert (s. Abb. 2), leuchtet unmittelbar ein. Nicht so trivial ist die Tatsache der Existenz auch eines t1 (Abb. 5) ganz am **Anfang** des Vorhersagezeitraums.

Dort besitzt wegen der Erhaltungsneigung meteorologischer Vorgänge – innerhalb einer Stunde kann sich das Wetter nicht beliebig ändern – die Beobachtung (auch) eine ziemlich hohe ‚Prognose'-Information, die durch ‚echte' Vorhersagen zu übertreffen, nicht immer leicht, manchmal sogar fast unmöglich ist. Abb. 5 belegt diese Tatsache am Beispiel der Vorhersage des (Boden-)Windvektors innerhalb der aeronautischen TAF-Prognosen: Im Zeitraum <t1 ist die Persistenz-‚Vorhersage' genauer, erst ab der zweiten Folgestunde sind zunehmend Vorhersageleistungen nachweisbar.

Die Kurve AUTOTAF zeigt übrigens, daß die ersten Schritte einer **Automatisierung** der Vorhersage von Wetter im **Kürzestfristbereich** – bis vor kurzem eine ausschließliche Domäne des Experten – z.T. schon recht erfolgreich genannt werden können.

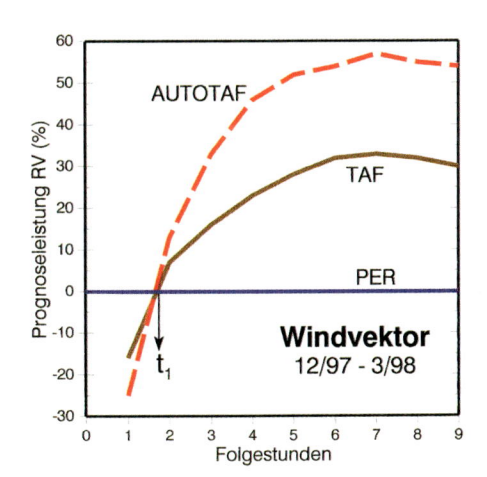

Abb. 5: Terminal Aerodrome Forecasts (TAF bzw. AUTOTAF) im Vergleich zur Persistenz

7. Haben sich die Niederschlagsvorhersagen verbessert?

Ja, sie haben! Der Wetterdienst (in Potsdam) besitzt eine lange Reihe von **vergleichbaren** Prüfergebnissen, die mehr als ein Vierteljahrhundert zurückreicht.

Für drei 8,5 Jahre umfassende Zeiträume und getrennt in Sommer- und Winterhalbjahr zeigt die Abbildung (hier sinnvolle) Trefferquoten, wie an der Ordinate angegeben.

Ein deutlicher positiver Leistungstrend – vor allem im Winterhalbjahr! – ist unschwer zu erkennen. Jedoch werden Sie Prozentzahlen von 90% und mehr – wie

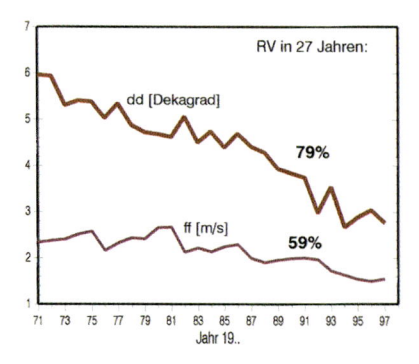

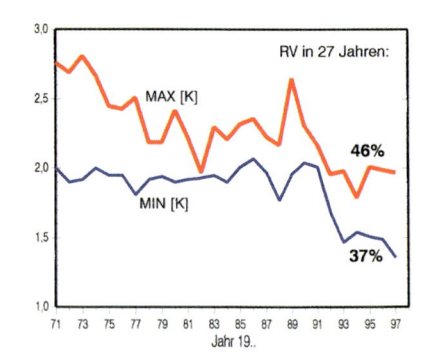

Abb. 6: Trefferquoten für den Niederschlag: Genauigkeit (rmse) Potsdamer Kurzfristvorhersagen für den Folgetag (12.00 UTC)

nicht selten in den Medien verkündet – nicht finden! Auch nicht, wie vermutet werden darf, bei privaten Wetter-Anbietern...

Übrigens handelt es sich hier um Kurzfristvorhersagen, die am frühen Nachmittag ausgegeben werden und für die 1. Folgenacht (18-06 UTC), sowie den ersten Folgetag (06-18 UTC) gelten.

8. Wurden auch Wind- und Temperaturvorhersagen genauer?

Es geht um Kurzfristvorhersagen der Windrichtung dd, der Windgeschwindigkeit ff und der morgigen Temperaturextreme MIN und MAX. Prüfmaß: rmse, überprüfter Ort: Potsdam im Zeitraum 1971 bis 1997. Die angegebenen RV-Werte besagen hier, um wieviel % sich die (stabil geschätzte) Fehlervarianz im Zeitraum von 27 Jahren – unter erheblichen Schwankungen (!) – verminderte: Je nach Element um 37 bis 79%.

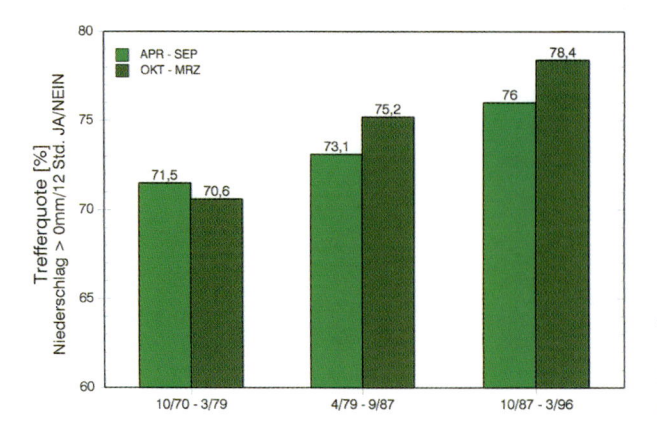

Abb. 7: Genauigkeit (rmse) Potsdamer Kurzfristvorhersagen (s. auch Abb. 8!)

9. Weitere Trend-Informationen

Die 46% bei MAX in der vorigen Abbildung korrespondieren jetzt mit ca. 33% (5. Balken von links). Was sind die Unterschiede?

Vorher ging es um den Zeitraum 1971 bis 1997 und Potsdam, jetzt um die Zeitspanne 1984 bis 1997 und 14 bis 17 Orte in Deutschland.

Man erkennt je nach Element **sehr unterschiedliche Grade** wesentlicher Verbesserungen innerhalb der letzten 14 Jahre auf dem Felde der ‚normalen synoptischen' Kurzfristvorhersage.

Was die Prognose der Niederschlagsereignisse >0 (N.0) bzw. >0.5 mm/12 Std. (N.5) angeht, ist jedoch eine gewisse Stagnation nicht zu übersehen...

Abb. 8: Verbesserungen in der Wettervorhersage im Zeitraum 4/84 bis 12/97 (T, dd, ff, B = Terminwerte der Temperatur, Windrichtung und Windgeschwindigkeit und des Bedeckungsgrades mit Wolken, fx = Windböen/6 Std. >12 m/s JA/NEIN)

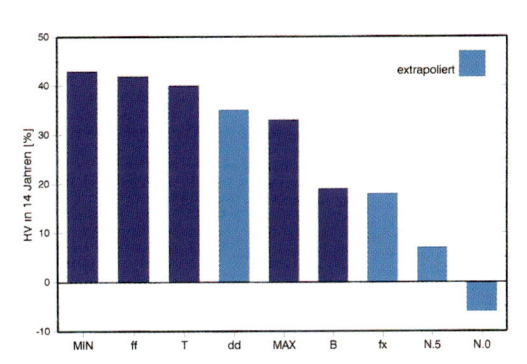

10. Juni: schwer – Dezember: leicht

Ermittelt man 9 Jahre lang für jeden Monat, für 14 bis 17 deutsche Orte und 20 verschiedene Kurzfrist-Prognose-Parameter die mittlere Güte RV, so erhält man den typischen **Jahresgang der Prognoseschwierigkeit bzw. -leistung.**

Abb. 9: Jahresgang der Güte RV (im Vergleich zur Erhaltungsneigung) kurzfristiger Vorhersagen der Temperatur, der Wolkenbedeckung, des Niederschlags und des Windes (20 verschiedene Zielgrößen) im 9jährigen Zeitraum 1989 bis 1997, 14 bis 17 deutsche Orte

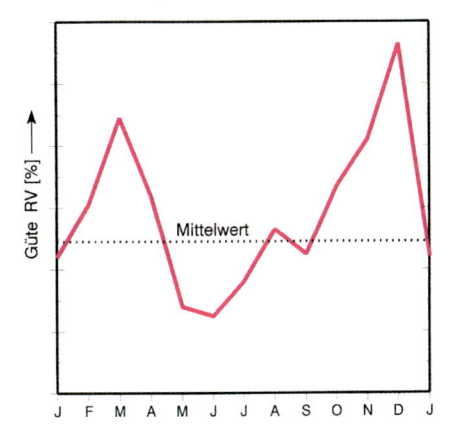

Auffallend sind die doppelt ausgeprägten Extreme: Maximale RV-Werte im Dezember und März, minimale im Juni und Januar. Dies allein ist schon eine wichtige Feststellung, daß nämlich im Laufe eines (typischen) Jahres a priori unterschiedliche Prognoseleistungen (relativ zur Persistenz) erwartet werden müssen.

Die Begründung ist schon schwieriger. Zuerst wird aber wohl an den astronomischen Jahresgang der Sonnenhöhe und damit der empfangenen Strahlungsmenge zu denken sein:

Je kleiner dieses potentielle Energieangebot ist, um so weniger Überraschungen gibt es im Sinne interdiurner Variabilität z.B. der Höchsttemperatur und des Niederschlags ... und umgekehrt! Darüber hinaus ist natürlich auch an den jahreszeitlichen Wechsel des dominierenden Musters der allgemeinen Zirkulation an sich zu denken...

11. Gewinner des Fortschritts – die Mittelfrist

Anfang der 70er Jahre war eine mittelfristige Wettervorhersage über drei Tage hinaus noch nicht möglich, wie die linke Gerade zeigt. Daß es gleichwohl ‚formal' hier und da schon so etwas wie ‚Weitere Aussichten' oder gar regelrechte ‚Mittelfristvorhersagen' gab, ändert nichts am verifikatorischen Befund.

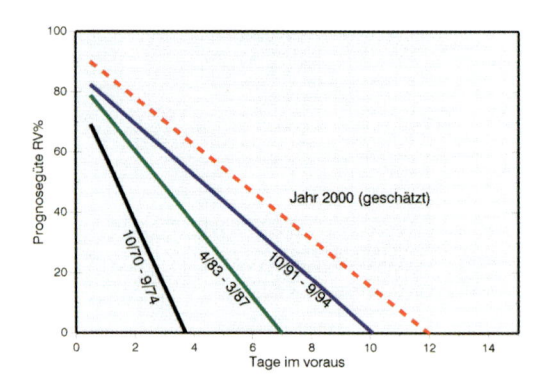

Abb. 10: Trend der Prognosegüte für die Maximum-Temperatur

Er besagt aber, daß ungerechtfertigte ‚Vorhersagen' nie ganz ausgeschlossen werden können – also mehr ‚wissenschaftliches Rauschen' als ‚prognostisches Signal'! Um so wichtiger ist und wird daher eine zeitgemäße, ordentliche Verifikation!

Obige Abb. belegt zudem, daß der bisherige Leistungsfortschritt vor allem der Mittelfrist zugute kam: Die Geraden verlaufen nicht parallel, und je kürzer der Vorhersagezeitraum, um so geringere Zuwachsraten an Fortschritt sind zu erkennen. Dieses Fazit betrifft nicht nur die Vorhersage der täglichen Höchsttemperatur, sondern es ist allgemein gültig, was hier aber nicht weiter gezeigt werden kann.

1995 wurde eine Güte-Prognose auf das Jahr 2000 gewagt. Sie basierte auf der Annahme eines linearen Trends. Zweifel an dieser These sind durchaus erlaubt, jedoch eröffnet die für 1999 geplante neue Routine der Numerischen Wettervorhersage des DWD durchaus die Chance weiteren Fortschritts, auch auf dem letztlich entscheidenden Felde der Vorhersage lokalen, praxisrelevanten Wetters.

12. Auch die automatischen Niederschlagsvorhersagen wurden besser!
Bei ‚Niederschlag' muß besonders penibel nachgefragt werden, was eigentlich vorhergesagt und geprüft wurde. Zu viele ‚freie' Parameter erzeugen sonst ein verwirrend buntes Bild.

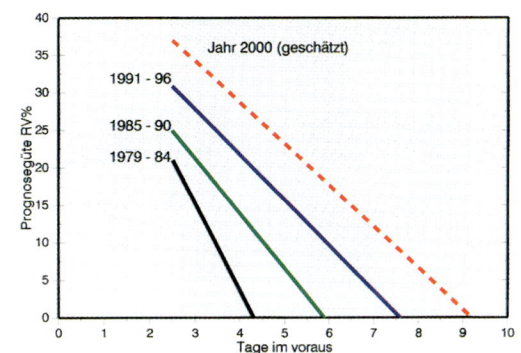

Abb. 11: Trend der Prognosengüte für den Niederschlag

Hier also geht es um automatische (AFREG-)Prognosen der Wahrscheinlichkeit dafür, daß in Potsdam innerhalb von 24 Stunden Niederschlag >0 mm/d fällt. Übrigens: Eine Erhöhung dieser Schwelle **erschwert** die Vorhersage und reduziert demzufolge die Güte RV relativ zur Strategie: Erwarte stets das Klima-Normal in Gestalt der mittleren monatlichen relativen Häufigkeit des oben definierten Niederschlagsereignisses. Bereits im Laufe des Jahres 1978 wurden solche Vorhersagen automatisch erzeugt ... und auch speziellen Kunden angeboten. Wie man richtig vermutet, sind wir auf diesem Felde in den letzten 20 Jahren leider kaum vorangekommen!

Jedenfalls zeigt sich auch hier eine ähnliche ‚Erfolgsstruktur' wie zuvor bei der leichter vorherzusagenden täglichen Höchsttemperatur, was auch an den dort höheren RV-Werten ersichtlich wird.

Wo allerdings die real existierende (theoretische) Grenze der Vorhersagbarkeit liegt und wie schnell wir uns ihr anzunähern vermögen, steht auf einem anderen, weithin noch ‚unleserlichem' Blatt. Fest steht aber: Der wissenschaftliche Einsatz je Quantum Fortschritt wird eine stets **wachsende Herausforderung** bleiben.
Literatur-Hinweis: „Wettervorhersage", K. Balzer, W. Enke, W. Wehry, Springer-Verlag, 1998.

Dipl.-Met. Konrad Balzer hat in Leipzig Meteorologie studiert. Er ist seit 1959 in Praxis und Forschung des Meteorologischen Dienstes bzw. des Deutschen Wetterdienstes in Potsdam tätig.
E-mail: kbalzer@dwd.d400.de

5.5 Leserbefragung zur Wettervorhersage
Walter Fett

Mit Verwendung der Bestellkarte für den Meteorologischen Kalender 1998 war eine Meinungserkundung verbunden. Es wurde gefragt: *„Richten Sie sich nach der morgendlichen Wettervorhersage? (Ja – Nein – Egal)"* und *„Sind Sie der Meinung, daß die Wettervorhersage in den vergangenen 10 Jahren besser, schlechter geworden oder gleich geblieben ist?"*

Von 666 (=100%) Einsendern gingen stattliche 563 (84,5%) auf die Fragen ein, und zwar 547 (82,1%) auf beide und 16 (2,3%) auf jeweils eine Frage: Zeichen wohl einer lobenswerten Reaktion und brauchbare Basis für eine statistische Stichprobenwertung! 15 Einsender kreuzten je Frage mehr als eine Antwort an, was hier als „unentschieden" bewertet wird. Darüber hinaus gaben 25 zusätzlich einen verbalen Kommentar ab.

Ergebnis:
1. 88% der Antwortgebenden richten sich nach der morgendlichen Wetterprognose, 7% hingegen nicht; 4% war es egal, und 1% war unentschieden. Bemerkenswerterweise ist damit die Wahrscheinlichkeit, auf einen der Prognose vertrauenden Leser zu treffen, in etwa vergleichbar mit der Eintreffwahrscheinlichkeit der Prognose selbst!
2. 78% meinen, die Wettervorhersage sei in den vergangenen 10 Jahren besser geworden, für 5% hat sie sich verschlechtert, und 15% hielten sie für gleichgeblieben; 2% konnten sich nicht entscheiden.

Dieses Ergebnis ist weniger widersprüchlich, als es zunächst scheint. Denn auch wenn sich die Prognosegüte um einige Prozent objektiv verbessert hat, muß es zwingend Leser geben, die in subjektiven Situationen bewußter Wetterwahrnehmung und Prognoseerinnerung früher *gleichhäufig* oder gar *seltener* als heute einfach das Pech hatten, eine der über ca. 10% Fehlprognosen zu konstatieren, obwohl die Rate inzwischen objektiv unter ca. 10% gesunken ist!

3. Die Mehrzahl der Kommentare betrifft die Abfassung und Vermittlung des Wetterberichts besonders seitens der Medien. Darin wird übereinstimmend die inhaltliche Darstellung und sprachliche Vermittlung in Rundfunk und Fernsehen beklagt, wobei sich die Kommentatoren in nüchternen, krassen oder gar empörenden Äußerungen Luft machten. Nicht so oft die Prognose, sondern eher die vereinfachende oder gar schlampige Auswahl, Übermittlung und Interpretation in den Medien sei schlecht!

Darüber hinaus wird eine gewisse Nichtberücksichtigung regionaler Grenzlagen bzw. die dann zwangsweise Unstimmigkeit des Wetterberichts für solche Randlagen bedauert.

(Aus Meteorologischer Kalender 1999, Dezember-Blatt)

Dr. Walter Fett ist Prof. i. R. und war Abteilungsleiter am Institut für Wasser-, Boden- und Luft-Hygiene des Bundesgesundheitsamtes in Berlin sowie Dozent am Institut für Meteorologie der FU Berlin.

METEOROLOGISCHER KALENDER 2000

Für das Jahr 2000 ist der dann **18. Meteorologische Kalender (ISBN 3-928903-20-9)** in vertrauter Form geplant: Größe 29 x 41,5 cm, Spiralbindung und Schutzfolie. Wie bereits in den Jahren 1997, 1998 und 1999 erfolgreich praktiziert, wird er Beiträge aus Frankreich und Deutschland, eventuell auch aus Holland, enthalten und **in Zusammenarbeit mit der Société Météorologique de France (SMF) dreisprachig (Deutsch, Französisch, Englisch) erstellt.**

Auf 13 Farbtafeln werden **im Meteorologischen Kalender 2000** eine Vielfalt von optischen Wettererscheinungen vorgestellt wie Regenbogen, Halos, Luftspiegelungen, farbige Himmelserscheinungen, Wolken und besondere Wetter-Impressionen.

Die Texte **im Meteorologischen Kalender 2000** werden sich neben Erklärungen zur atmosphärischen Optik auf den Schwerpunkt „Die neue meteorologische Satel-

Foto: Gerhard Nees, Regenbogen – Licht und Schatten, Titelbild des Meteorologischen Kalenders 1999

litengeneration" (= MSG: Meteorological Satellites, Second Generation) beziehen. Glossen und humoristische Betrachtungen runden den Inhalt ab.

Die Kalenderblätter werden auch als **Meteorologischer Postkartenkalender 2000** (16 x 16 cm) erhältlich sein, ISBN 3-928903-21-7 Die Kalenderbilder können ab Herbst 1999 – wie bereits die Bilder und der Inhalt des Meteorologischen Kalenders 1999 – über das Internet eingesehen werden:
http://wwwsat03.met.fu-berlin.de/~dmg.

Informationen gibt es auch über e-mail: wehry@bibo.met.fu-berlin.de sowie Fax: +49 30 791 90 02.

Buch: **Wolken, Malerei, Klima in Geschichte und Gegenwart**
Herausgeber: Deutsche Meteorologische Gesellschaft e.V. (DMG)
ISBN 3-928903-13-6, **Berlin 1997**

Enthalten Gemälde bestimmter Epochen historisch nutzbare Aussagen? Geben Gemäldeinterpretationen vielleicht auch Hinweise auf vergangenes Klima? Wie „echt" sind Gemälde-Wolken?

Kunsthistoriker, Historiker, Literaturwissenschaftler, Maler und Meteorologen nehmen sich dieser Fragestellung an. Im vorliegenden Buch wird die Himmelsdarstellung der holländischen Landschaftsmaler der **Goldenen Epoche (u.a. von Jacob van Ruisdael, Esaias van de Velde, Jan van Goyen)** kunst- und sozialhistorisch sowie meteorologisch untersucht.

Auch die Wolkenabbildung der Landschaftsmaler der Romantik wie **John Constable, Caspar David Friedrich und Carl Blechen** wird diskutiert, ebenso wie die des zeitgenössischen Berliner Malers **Matthias Koeppel.**

Jacob Isaacksz. van Ruisdael (1670): „Der Damplatz zu Amsterdam" (mit frdl. Gen. der Staatlichen Museen Preußischer Kulturbesitz)

Abgerundet wird das Buch durch **meteorologische Beiträge zu Wolken und Klima** seit Beginn der „Kleinen Eiszeit" bis heute sowie die ausführliche **Wolkenklassifikation** nach dem Standard der Weltorganisation für Meteorologie.

Fachleute geben Anregungen, noch mehr Freude an der Schönheit von Gemälden in den Museen zu erfahren, sie wollen aber auch helfen, die Vielfalt der Wolken und der Landschaften in der Natur mit neuen Augen zu sehen.

Das Buch ist 15 x 24 cm groß mit glanzkaschiertem festem Einband, umfaßt 192 Seiten mit 120 z.T. großformatigen und meist farbigen Gemälde- und Wolkenbildern.

Information: *http://wwwsat03.met.fu-berlin.de/~dmg*
oder e-mail: wehry@bibo.met.fu-berlin.de
oder Fax: +49 30 791 90 02

CD-ROM „Wolken-Ge-Bilde"
Herausgeber: Deutsche Meteorologische Gesellschaft e. V. (DMG)
ISBN 3-928903-10-1 (1996)

Kunsthistorische, meteorologische und **historische** Inhalte werden an Hand von holländischen Landschaftsgemälden des 17. Jahrhunderts (z. B. Jacob van Ruisdael, Jan van Goyen, Joos de Momper, Adriaan van de Velde) multimedial mit Bildern, Texten, Animationen und Videos vermittelt.

Die CD-ROM „**Wolken-Ge-Bilde**" ist 1996 erschienen und für DOS, jedoch nicht für Mac nutzbar. Der **gesamte Inhalt ist sowohl auf Deutsch wie auch auf Englisch** abrufbar. 19 holländische Landschafts-Gemälde aus der Berliner Gemälde-Galerie sowie ein weiteres aus dem Bundeskanzleramt werden in vielen Einzelheiten vorgestellt, ihr Zusammenhang mit soziologischen, demographischen, geschichtlichen und meteorologischen Gegebenheiten erarbeitet. Eine **komplette Wolkenklassifikation** nach dem Standard der Weltorganisation für Meteorologie mit 59 Einzel-Fotos rundet das Bild ab.

Adriaan van de Velde: „Flache Flußlandschaft" (mit frdl. Gen. der Staatlichen Museen Preußischer Kulturbesitz)

Eigene Kapitel – zum Teil sonst unveröffentlicht – zur Thematik von Votiv-Tafeln (= Bitt- und Dank-Tafeln in Kirchen) gehen wiederum auf volkskundliche, geschichtliche und meteorologische Gegebenheiten ein.

Benötigt wird ein Pentium-PC, Windows 3.1 oder höher, Sound- und Graphik-Karte.

Information: *http://wwwsat03.met.fu-berlin.de/~dmg*
oder e-mail: wehry@bibo.met.fu-berlin.de
oder Fax: +49 30 791 90 02

CD-ROM „Die Vier Jahreszeiten"
Herausgeber: Deutsche Meteorologische Gesellschaft e.V. (DMG)
ISBN 3-928903-16-0 (1998)

Die CD-ROM „**Die Vier Jahreszeiten**" ist in diesem Buch auf den Seiten 25 bis 32 ausführlich erläutert.

   Hierzu wird ein Pentium-Rechner benötigt, Sound- und Graphik-Karte sowie ein Internet-Browser Netscape oder Explorer ab 4.0. Das Besondere an dieser CD-ROM ist ihre Erstellung als HTML-Dokument, das es ermöglicht gleichzeitig von der CD und auch aus dem Internet auf Informationen zuzugreifen.

Information: *http://wwwsat03.met.fu-berlin.de/~dmg*
oder e-mail: wehry@bibo.met.fu-berlin.de
oder Fax: +49 30 791 90 02

Abb: Deckblatt der CD-ROM „Die Vier Jahreszeiten"